淤泥中，双手庄重捧出种藕
来年它带来一汪绿荷与雪白的子女

菱白林围住荷塘，挡住四面来风
池水得以持续升温，创造了荷藕成熟的最佳环境
采荷女微笑着，守着生产的奥秘
摘去荷叶、荷梗，只留下后栋叶与终止叶的高梗
以便判断泥下藕的走向
踩断"脐带"——藕鞭

采荷女在泥中摸索，双手托住"藕宝宝"
像母亲一样缓缓抱起，它出生了

莲藕序

水八仙里面最广为众人熟识的一种，当非莲藕莫属。不论是莲子还是藕，都是中国人常吃的美食，南北园林池塘中，荷花也是少不了的重要角色，还是历代文人反复歌咏的对象。

但是荷花、莲子、莲藕之间的关系，也许就不一定搞得那么清楚：在荷塘里，荷花、荷叶长在地下的莲鞭上，挺拔的荷叶舒展摇曳，荷花亭亭玉立，风姿绰约，待到花瓣凋落之后，留下绿色的莲蓬，剥开以后又能得到粒粒莲子，莲子内还有可泡茶的莲心；水下的淤泥中，莲鞭四处伸长蔓延，到了秋天，前端能结成肥大洁白的莲藕，过冬之后能继续萌发，开始新一年的生命。水上水下皆热闹精彩。

不仅外观美丽，莲藕全身也充满了奇妙的奥秘：莲藕一生长出的叶片，片片皆有学问，通过叶子可判断地下部分的生长状况和位置；荷叶虽大如伞并且内凹向上，但能滴水不沾，雨水一落便成水珠滚走；荷花、荷叶从淤泥中穿水而出，却能"出淤泥而不染"；莲藕、莲鞭、荷梗内部通体均有若干气道，并且是相互贯通的；雪白的莲藕折断之后，还连着许多可以拉得很长的细丝，"藕断丝连"；莲子成熟以后，就算在淤泥中埋藏千年，还能萌发。在全株图解的部分，我们对其中的奥妙将一一剖析之。

莲藕的栽培在中国有相当悠久的传统，还根据主要利用部分的不同培育出各种藕莲、子莲以及大量的观赏花莲。我们的采访主要以苏州当地的藕莲为例，记录其种植至采收的过程，把不少农人长期累积的经验智慧介绍给大家，比如在藕塘边种植茭白，挡风又保温，一举两得；巧妙地排藕种，减少莲鞭无序蔓延；中途及时转藕头，防止莲藕插入田埂；根据荷梗荷叶精确地找到地下莲藕的位置……

中国是莲藕的起源地之一，早在河姆渡和仰韶文化遗址中，就已经发现莲藕花粉化石和碳化莲子。莲生中华，史载也已历三千余年，和中华民族的衣食住行礼乐方方面面建立了密不可分的联系。吴中水乡，莲荷广植，自古就是生产莲藕的地方，《莲文化三千年》介绍了莲藕形象自先秦以来在中国文学、建筑、器物、服饰、民俗上的体现，以及和苏州的渊源关系，期望大家能借此大略了解莲文化在中国的深厚内涵。 ■

采访手记

2010年7月初，汉声编辑来到苏州角直车坊的江湾村采访。还没到江湾村的时候，我们的脑海里已经预先浮现出"接天莲叶无穷碧""粉点千立，静香十里"这些诗句，满怀期待地设想，马上应该就能望见那一望无际、荷花朵朵的藕塘了。

●藏在茭白之中的藕塘

可是随着车子深入田野，除了大片的慈姑和荸荠外，就是一块块一丛丛高起的茭白地，却看不到大片的荷叶。留神寻找半天，忽然发现，近处的茭白塘之中，似乎隐隐约约藏着荷叶，令人十分纳闷。

下车穿入田埂，走进茭白田，拨开外围的高高的茭白叶一看，果然，里边种着满塘的莲藕。荷叶比茭白略低，都被挡在了里面。

原来，苏州田塘里栽培的藕莲，与我们在湖泊池塘中看到的莲花并不一样，种植水浅，而且需要在四周栽茭白防护，所以看不到那种大面积的开阔塘面。"莲藕是喜欢高温潮湿环境的植物，所以我们种的时候一般都在边上栽一圈茭白包围着，可以有效地防止热量散发，提高塘里温度和湿度，让莲藕长得更好。"江湾村的胡主任为我们解疑，"另外荷叶梗也比较柔弱，刮大风的时候容易折断，四周种几行茭白，能起到挡风保护

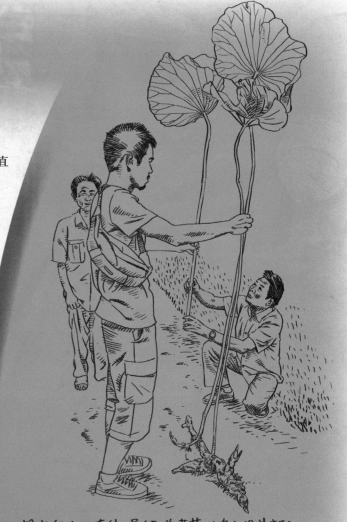

胡主任为汉声编辑解说莲藕的各个组成部分

荷叶的作用，同时也利用了藕塘边缘的空地。"看起来，茭白和莲藕混种，的确是一举多得的绝佳种植方式。

●荷叶中的大学问

荷塘中满是大大小小的荷叶，殊不知，荷叶中也有大学问。胡主任在藕塘边，为我们解释起了不同荷叶的奥秘。

种藕开始萌芽时，开始抽生的叶片较小，叶柄细弱，不能直立，浮在水面上，称为"浮叶"。浮叶长出三四张以后，抽生的叶片逐渐

（下转第38页）

莲藕全株图解

档案

分　类：被子植物门．双子叶植物纲．毛茛目．睡莲科．莲属
学　名：Nelumbo nucifera
别　名：水芙蓉．荷等
原产地：中国
分　布：亚洲．欧洲．美洲
中国主产地：长江流域各省市．珠江三角洲等
苏州原主产地：葑门外黄天荡．洞庭东山
食用部位：地下茎（藕）．莲子
生长期：5月至8月初
采收期：8月至来年4月初

莲藕 为睡莲科莲属多年生宿根性草本水生植物，别名荷、芙蕖、水芙蓉等，是我国栽培历史最悠久、种植最广泛的水生蔬菜，可追溯至三千年前，南起海南、北至河北均有种植，以长江流域及华南为主产区，另外日本、印度、东南亚也有种植。

莲藕的叶柄称荷梗，果实称莲蓬，莲实称莲子，可食用，其中的胚芽称莲心，膨大的地下茎称藕。

是主要的食用部分，可生食或熟食，或制成藕粉，另外整个植株不同部分均可入药。按照利用价值不同，可分为花莲、藕莲、子莲三个大类。花莲主要供观赏及华，别莲主要采收藕和莲子，子莲主要采收莲。苏州的莲藕栽培历史悠久，出产的莲藕闻名全国，一般4月下旬开始采收嫩藕，从7月下旬一直可至冬来年春。嫩鲜甜脆的始种植，老藕则一直可至采收嫩藕。

全株图解

花

荷花： 莲鞭节立叶着生处的背面能抽生荷花，与立叶并生。花蕾由花梗顶端托出，常呈椭圆形至倒卵形。花瓣多数，色泽渐小。瓣以红、黄、粉、白之分。雄蕊多数，环生于花托基部四周，雌蕊柱头顶生，心皮多数，埋藏于倒圆锥形的花托孔穴。花期3～4天。一般结籽肥大的品种较少开花，甚至不开花，花多为白色。

果

莲蓬： 荷花花瓣脱落后长出的莲房，内有莲子。

种

莲子： 莲子内一心孔穴中每一粒果实，皮形成成嫩皮革质，长1.5～2.5厘米，果皮初为绿色，熟透时转为黑褐色，剥开后种子为卵形，即莲子，长1.2～2厘米，种皮白色或淡黄色。

茎

莲鞭： 春夏藕顶芽萌发后，向前伸长形成细长的地下茎，粗1.5～3厘米，在土下5～20厘米处向前匍匐生长，内有若干通气孔，称为"莲鞭"或"藕带"。主鞭一般长15节左右，其上有节，各节生侧根。莲鞭从第3节起全能生侧鞭，总长可达2～6米。主鞭上每一节向上生出荷叶。主鞭从上还可以二次分生，一只莲藕总共能萌生侧鞭数十条之多，先端会开始结藕。

莲藕： 莲鞭生长出几节之后，先端会开始膨大形成嫩藕，一般为3～7节，每节长10～30厘米，每4～15厘米成一节，称为种藕。

叶

荷叶： 荷叶呈圆盾形，全缘稍呈波状，上面密生细毛，不沾水滴，表面深绿，背面淡绿色。叶背有粗大的叶脉从中心射出，叶片中心为叶脐。叶脉汇集于此与叶柄相接，又称莲鼻。有水中叶、立叶与浮叶之分。

水中叶： 种藕萌发长出的新叶，又称钱叶、荷线，叶柄细软较小，不能直立，多沉在水中。

浮叶： 种藕抽生出长出的两三片叶，又称浮叶、荷钱，比水中叶大，叶柄较细弱，不能立出水上，但叶片会浮于水面。

立叶： 随植株生长，新抽生的荷硬逐渐变粗壮。其上侧生小刺，叶柄挺出水面，叶面逐渐立大，起水荷，挺立荷叶，直径50～90厘米。前期立叶生长至上升阶梯状，一般高60～130厘米，但上升至一定高度时，又渐次变得矮小，一般能长左10～15片。

后栋叶： 结藕前长成一张叶片最大，最高的立叶，粗硬，刺多，色略筱，又称止叶。

终止叶： 在前方斜下生长，开始结藕，最后长出一片叶，叶面较小，直径30厘米左右，较厚实，硬细长，色较深，曲柄不会完全展开，刺少，色较深，发育，俗称玉荷。

荷梗： 荷叶的叶柄，圆柱形，外有散生小刺，可以与荷叶通气孔，内有若干荷叶通气。

根

莲藕的根分为主根和不定根，莲子播种时萌发，莲子发芽初生主根，但不发达。不定根初生时须根，束环在地下茎各节周围，并斜向下丛生。一般每节5～8条，每束5～20厘米。初生白色肉质，逐渐转变为黄褐色、黑褐色。莲藕主要作用是吸收养分、水分和固定植株。

莲藕的根部还能长出孙藕的根茎，但藕中有个小泥根，与莲藕中的气孔完全贯通，并和荷叶中心的叶脐相接，形成通气系统进行气体交换，使根获得足够的氧气。

藕头

【莲藕剖面】

【荷梗剖面】

【莲蓬剖面】

【莲子剖面】

孙藕 ／ 子藕 ／ 主藕

藕或母藕、主藕节部子藕，靠前端长出孙藕。藕的顶部称后把节或根茎，较细长。莲藕的主要食用部分是膨大的根部扎于水下淤泥中，氧含量极低，叶柄中有个个孔道与莲藕中的气孔完全贯通。

藕或母藕、主藕节部子藕，藕顶端一节称尾梢，最后衔接芽和叶芽，中间一节称藕身，上主藕芽和叶芽。藕的一节后把节或藕身，藕顶部节后把节是膨大的根茎。莲藕的根部扎于水下。

莲蓬／立叶／主鞭／侧鞭／须根／后栋叶／荷梗／荷花／浮叶／水中叶／种藕

系 品种

莲藕是我国栽培最广泛的水生蔬菜，按照利用价值不同，莲藕可以分为花莲、藕莲、子莲三个大类，花莲主要供观赏用，藕莲和子莲分别供采收莲藕和莲蓬；按照生长所需水深不同，可以分为深水藕和浅水藕；根据成熟期则有早熟和中晚熟之分；根据藕种淀粉含量高低，还可以分为粉质和脆质

两种，脆质莲藕适于炒食，粉质莲藕则适于煮食。

藕莲

又称菜藕，以采收莲藕为主，一般藕粗3.5厘米以上，肥大多肉，开花少甚至不开花，花小，花瓣多为白色，莲蓬也少而小。有浅水、深水、早熟、中熟、晚熟品系。优良品种有白花藕、慢荷、美人红、大卧龙等等。苏州地区种植的多为藕莲。

子莲

以采收莲蓬为主，花多为单瓣，有红花、白花两种，结实多，莲子大，品质好。但藕较细小，坚硬，口感也不佳。著名品种有鄱阳红花、建莲、湘莲等。

花莲

以观赏花叶为主，多为重瓣，长期人工培育出的品种名目繁多，色彩形态各异。藕细小坚硬难以食用，结实甚少或者不结实。

莲藕的栽种

境 生长环境

莲藕性喜温暖湿润，不耐霜冻、干旱。在茎叶生长发育期需要充足的光照和高温，结藕期需要短日照以及昼夜温差大。因植株叶柄细长，叶片与地下根茎庞大，适合生长在风浪小、水流平缓，并且土层深厚松软、保水保肥力强的低洼水田或湖荡。

藕塘四周套种圈茭白

栽 栽培方式

●轮种·套种

藕常与茭白、荸荠、慈姑等进行轮种和套种。

套种：藕是喜湿热的植物，并且叶柄细长，风浪过大时易折断倒伏。所以一般会在藕塘四周种几行茭白，用茭白密集高耸的叶片形成一堵围墙，以防风消浪，减轻风害，同时也提高藕塘内的温度和湿度，另外还利用了藕塘边的空地，一举多得。

轮种：在藕塘、茭白收获之后改种慈姑或荸荠。以江湾村为例，一般常用"藕、茭白—慈姑—藕、茭白—荸荠"的"两年四熟"轮种模式：第一年春季种藕、茭白，于4月上中旬整地种植，8月上旬收藕。慈姑另田于4月播种育苗，5月移栽滩地繁殖种苗，8月上旬收藕后定植，11月到第二年3月采收。第二年3月上旬再次栽植早熟品种藕、茭白，6～7月采收嫩藕。荸荠也于6月另田播种育苗，8月上旬栽植本田，11月上旬至第三年2月采收。

轮种的好处在于，一方面有利于均衡利用土壤的养分并调节肥力，改善土壤的理化性状，另一方面有利于减轻病虫害与杂草的发生，还可提高莲藕的产量和品质。

●整地施肥

新栽地须在冬季深耕整地。耕翻可使土壤疏松利于藕鞭和藕的生长，一般耕深30～40厘米。尽量锄碎土壤，施入水藻或其他绿肥调匀，然后放水入田呈泥泞状。

在前茬收获之后，也需要修整田埂、平整田地、施足基肥，施肥后再浅耙入土。

●选种排藕

选种：莲藕一般用种藕繁殖。留种藕在4月中旬挖起后，将大的上市贩卖，小的做种藕栽种，注意保存完整的叶芽，不能碰伤。选种有"大卜三双一顺翘"的诀窍，"大卜"指藕的鞘部要粗壮，"三双"指藕身有三节完整的藕段，"一顺翘"指子藕生长的方向要一致。

排藕：一般4月中下旬定植，宜随挖随栽，带泥定植，防止芽头干枯。一般早熟品种比晚熟品种密度高，行距2米左右，穴距1米左右，每穴栽一支亲藕或两支子藕，一亩300穴。排藕种时，种藕顶端向下顺势斜插，覆土后，尾部上翘出土面，利于接受阳

光，受热快，发芽早，并且便于观察和管理。

为了防止莲鞭插入田埂或伸出田外结藕，排藕种时，靠近田埂的种藕顶芽均要朝向藕塘中央；为了使萌芽后莲鞭生长分布均匀、能够正常结藕，其余的种藕应分行排列，藕塘左右两半的顶芽相对，并且中央的行距略加大以防过密，俗称"对厢"，这是苏州地区长期运用的排藕方式。

顶芽

种藕

后把

"两年四熟"轮种模式

（月份）

	第一年		第二年	
4 5 6 7 8 9 10 11 12	1 2 3	4 5 6 7 8 9 10 11	12	

藕
茭白
套种

慈姑
轮种

早藕
茭白
套种

荸荠
轮种

藕田排藕方向示意图

株 生长过程

萌芽期

4月中旬~5月中旬

苏州地方在清明、谷雨之间，旬气温超过15摄氏度时，种藕的顶芽、侧芽和叶芽开始萌发；依靠种藕的养分长出莲鞭；幼叶穿出芽鞘，相继生出水中叶、浮叶。气温上升至20摄氏度时，主鞭的第二、三节生出立叶和须根，此时植株已经可以通过光合作用以及根系吸收满足养分需要。

茎叶生长期

5月下旬~7月中旬

气温迅速上升至21~28摄氏度，自立叶开始长出到结藕前，此时茎叶迅速生长，随着根茎伸长、分枝，叶片数也快速增加，叶面增大，每5~7天抽生一叶。6月初主鞭能长出两三片立叶，叶腋开始抽生侧鞭。6月中旬，气温高、湿度大，最适合莲藕生长，立叶一片高过一片，长到最高接近两米后又逐渐下降，最后又长出一片高大的立叶（即后栋叶）；主鞭长至十几节，可长达数米，新的侧鞭也不断生长。整个水面逐渐被荷叶所覆盖。

奇妙的莲藕

●荷叶上的水为什么会形成水珠滚动？

荷叶的上表皮有一层细胞，外壁有角皮和蜡粉，每个细胞都有微米级的脂质乳状突起，还有纳米级的毛状结构，阻止水分停留在叶表。水滴又因为表面张力的作用，形成水珠滚动，既不会积水造成腐烂，也可带去叶面尘埃。

开花结果期

6月中旬~9月中旬

在茎叶生长旺期，有三四片立叶时，莲藕地下茎节上立叶着生处背面可同时抽生花梗，出现花蕾，到大暑前后盛开。一般一叶一花，但早熟藕基本无花。自开花后一个多月，果实成熟。

根茎膨大期

7月下旬~10月上旬

从后栋叶长出开始，进入结藕期。最后长出的叶片为终止叶，叶柄短小刺少，叶面厚实卷曲。莲鞭顶端向前下方生长，膨大长粗，开始结藕，植株养分逐渐向地下茎转移，开始结藕。平均气温下降为19~25摄氏度。

●为什么会"藕断丝连"？

莲藕内孔道四壁有增厚的螺旋状木质纤维素，当藕被折断时，会被拉成许多白色细丝，弹性大，不易断，即所谓的"藕断丝连"。

●为什么荷花"出淤泥而不染"？

荷花花蕾出水前，被萼片包裹，前端较尖，几乎和花柄同粗；荷花出水前，对折卷成双筒状，紧贴叶柄呈一直线，出淤水时阻力小。花叶表皮有蜡质、角质以防水，花蕾阶段，萼片与花瓣层层相抱，不渗泥水，所以"出淤泥而不染"。

越冬休眠期

10月中旬~来年4月上旬

气温下降至3~18摄氏度，植株地面部分逐渐停止生长并枯死，地下的莲鞭也逐渐腐烂，地下部分以膨大的藕作为养分贮藏器官越冬，同时也形成了下一年生长的主鞭幼芽、叶芽，被芽鞘包裹，在地下过冬，直至来年4月再次萌发。自萌发至藕完全形成，全发育期为180天左右。

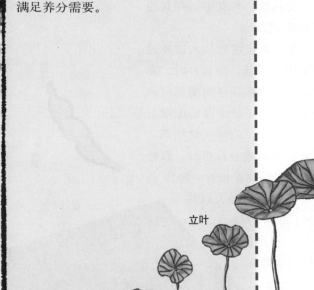

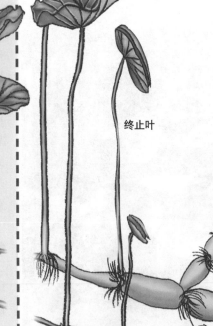
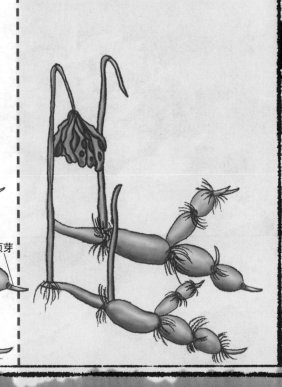

水中叶　浮叶　立叶　主鞭　侧鞭　荷花　莲蓬　侧鞭　后栋叶　终止叶　叶芽　顶芽

收 采收

莲藕的采收

●时间

7至9月子莲可采收莲蓬。当最后一片卷曲的终止叶长出，叶背出现略微红色，其他立叶叶缘微黄，标志着新藕已经形成。7月中旬早熟藕莲可开始采收嫩藕，9月以后便可以开始大面积采挖莲藕。

●打叶

在挖藕的前一天或者当天早晨，提前将荷叶打下，反折晾晒，可以另作他用。但须保留荷梗以便确定藕位。

●试藕

藕成熟前半个月左右会进行"试藕"，即挖出莲藕查看生长情况，若有锈斑、生长不良，也会提前一周到十天打掉叶片、灌水，让养分更多地供给藕根，并使地下部分停止呼吸，促使附着于藕身的铁锈斑还原，保证最后能采收到洁白粗壮的藕。

●挖藕方法

在浅水塘挖藕时，找到后栋叶和终止叶的位置，将其连成一线，结合终止叶的朝向，便可以确定泥中莲藕的生长位置和方向，顺着终止叶的叶柄将脚插入泥中一踩便中，然后往两边蹚开藕身旁边的淤泥，在前后顺通藕身下的泥，并把后侧的莲鞭踩断，便可以慢慢将整只藕向后拖出淤泥捧起。

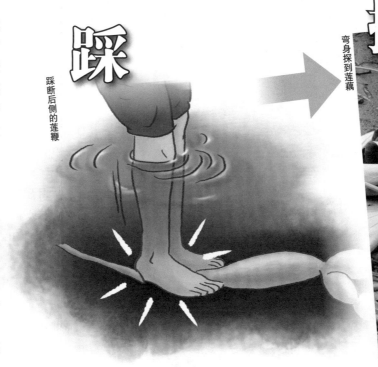

踩
踩断后侧的莲鞭

探
弯身探到莲藕

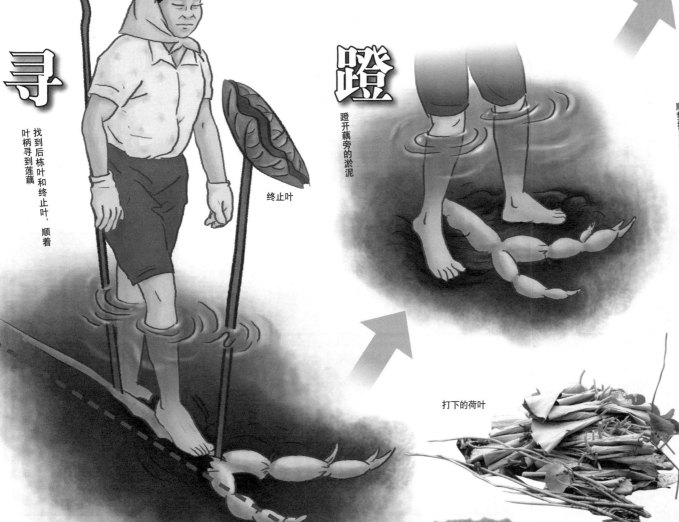

寻
找到后栋叶和终止叶，顺着叶柄寻到莲藕

后栋叶

终止叶

蹚
蹚开藕旁的淤泥

打下的荷叶

挖
顺势挖出整只藕

定植之后的藕塘，种藕上陆续长出新叶

管 田间管理

●转藕头

虽然排种时已注意了顶芽的方向，但进入生长旺盛期后，莲鞭伸长迅速，并且大量分生侧鞭，往往会逼近田埂，会导致将来莲藕插入田埂甚至长出田外。所以需要及时"转藕头"，在发现新抽生的卷叶出现在距离田埂1米左右时，下水扒开泥土，轻轻将莲鞭梢头转向田内稀疏处，再盖泥压好。

转藕头宜在晴天中午至下午茎叶柔软时进行，可避免因茎叶过于脆嫩而被折断。芒种至小暑一般一周检查一次，而结藕前需加大检查密度。

莲鞭靠近田埂，会导致未来莲藕插入田埂或长出田外

及时转藕头，调整莲鞭生长方向

●水分调节

农谚"涨水荷叶落水藕"，点出了浅水塘藕在田间水层管理上的总原则：前浅、中深、后浅。定植初期保持浅水3～5厘米，有利于提高地温、加速成活、促进萌发；之后生长期逐渐加深至10～15厘米，有利于莲藕生长和立叶逐渐高大，并可抑制细小分枝的发生；莲藕膨大期水位降至3～5厘米，可促进结藕和使藕身膨大，若水位过深，则会促使植株再生立叶和延迟结藕等。另外采收时可加深水位到10厘米左右，使土壤疏松便于挖取。

●施肥

莲藕的基肥很重要，仅靠速效肥易造成疯长，并延迟结藕，故须施足基肥。生长期需追肥2次，分别为发棵肥与结藕肥。

●中耕除草

在莲藕生长过程中，要进行除草、摘叶、弯折花梗等藕田管理。

生长前期要注意保护荷叶，以保持光合作用制造养分，并及时捞除浮萍、杂草并摘去枯萎的浮叶，塞入泥中作肥料，以便通风并增大阳光照射面积，提高水温。夏至后有5～6片立叶时，荷叶茂盛，地下早藕开始坐藕，不宜再下田耘草，以免碰伤藕身。

藕莲如果生花蕾，应将花梗弯折，以免开花结子消耗养分，但为防雨水侵入不可折断。

藕塘中的浮萍

不同时期莲藕田水位高度

(厘米)		生长期：10～15厘米	采收期：10厘米
定植后：3～5厘米		莲藕膨大期：3～5厘米	
4月～5月	6月上旬～7月上旬	7月上旬～8月下旬	8月下旬～10月下旬

莲藕的营养与功效

文：黄文宜（中医师）

【饮食养生】

◎营养成分：莲藕富含热量、碳水化合物、不溶性纤维、灰分、维生素 B₁、维生素 C、维生素 E、钙、磷、钠、镁、锰等营养成分。莲藕还含有蔬菜中少见的维生素 B₁₂，与叶酸和铁共同作用可改善贫血。故江南有谚语"男食韭，女食藕"。

◎止血消瘀：《本草纲目》记载此功效源自宋代一次偶然的发现："庖人削藕皮误落血中，遂散涣不凝。"故中医认为莲藕可止血而不留瘀，现代亦证实莲藕为热病血症的食疗佳品。莲藕中丰富的维生素 K 具有收缩血管和止血的作用；莲藕富含的丹宁酸具有抗氧化的作用，可预防动脉硬化和癌症，还具有消炎、收敛的作用，可使血管收缩而止血，亦能改善胃、十二指肠溃疡并预防复发；藕节的丹宁酸含量尤高，并含有 2% 左右的鞣质和天门冬酰胺，其止血收敛作用强于藕身，还能解蟹毒。可见莲藕全身是宝，我们烹饪时应尽量保留藕节、藕皮，充分发挥莲藕的食养之功。

◎防癌排毒：莲藕含有多种抗氧化作用的成分，富含的维生素 C 因被淀粉包住，短时间烹制则耗损少，其抗氧化作用可保护身体免受活性氧的伤害，进而预防癌症。而含多酚的丹宁酸和少量的儿茶素在体内产生复合作用，使致癌物质无毒化，抗癌功能尤佳。莲藕含有多种多糖，可提高免疫力并抑制癌细胞成长，此

外所含生物碱也可抑制细胞繁殖和肿瘤的成长。莲藕丰富的纤维亦有助排毒。

◎健胃消脂：莲藕散发出一种独特清香，还含有鞣质，可开胃健脾止泻，有助胃纳不佳、食欲不振者恢复健康。莲藕切开会出现丝，经过加热则变黏，这种黏性物质是和蛋白质、糖结合产生的一种叫黏蛋白的物质，与植物纤维类似，有润肠通便的作用，能与人体内胆酸盐、食物中的胆固醇及甘油三酯结合，加速其排出，从而减少脂类的吸收与废物堆积。

【饮食治疗】

◎性味归经：味甘，生者性寒，熟者性温。入心、肝、脾、胃、肺经。

◎功能主治：生者：凉血止血，散瘀，止热渴、霍乱、烦闷，解酒，解蟹毒；熟者：健脾开胃，益血补心，可消食，止咳，止泄，生肌，久服令人心欢止怒。

◎食疗验方：【时气烦渴】：生藕汁一盏，生蜜一合，和匀，细服。【伤寒口干】：生藕汁、生地黄汁、童子小便各半盏，煎温，服之。【霍乱烦渴】：藕汁一盏，姜汁半盏，和匀饮。【霍乱吐利】生藕捣汁服。【上焦痰热】：藕汁、梨汁各半盏，和服。【产后闷乱，血气上冲，口干腹痛】：用生藕汁三升，饮之；用藕汁、生地黄汁、童子小便等分，煎服。【小便热淋】：生藕汁、生地黄汁、葡萄汁各等分，每服一盏，入蜜

温服。【坠马血瘀，积在胸腹，唾血无数】：干藕根为末，酒服，日二次。【冻脚裂坼】：蒸熟藕捣烂涂之。【尘芒入目】：大藕洗捣，绵裹，滴汁入目中，即出也。

【饮食节制】

◎《饮食须知》认为莲藕"生食过多，亦令冷中"。鲜藕生性偏凉，生吃凉拌较难消化，有碍脾胃，故脾虚胃寒者、易腹泻者，宜食用熟藕。

【饮食宜忌】

◎煮时忌用铁器，以免莲藕变黑（在沸水中将莲藕余烫 70 秒，或适当添加酸性物质如醋酸，可使莲藕恢复洁白）。

◎猪肝不宜与莲藕同食，莲藕含有纤维素，纤维中的醛糖酸可与猪肝中的铁、铜、锌等微量元素形成混合物，降低人体对这些元素的吸收。■

注：

①文中所涉营养成分含量，均依据《中国食物成分表（第一册）》，北京大学医学出版社，2009 年第 2 版。

②文中所涉中医内容，主要参考《本草纲目》等古籍。

捧

将藕小心捧出

抱起整只藕

●采收与留种

莲藕的采收有两种，一是挖大留小，分次陆续采收；一是成熟后一次性完全采收，可以准备轮种其他作物。另外还会留有小面积的藕塘越冬留种。待到次年4月下旬，将塘中大藕挖出，就是所谓的"老藕"，依然贩卖上市或者自家食用，在当地往往还做成焙熟藕。而侧生的小藕就作为当年的新藕种栽种。

挖出的莲藕

莲藕的采收

●贮藏

除了在藕塘中越冬，挖出的藕中选择老熟、完整、无损伤者，在冬天低温时也可贮藏一个多月。藕出土之后，表皮直接和空气接触，容易变为橙黄色，所以带泥贮藏，可以推迟变色时间。春秋两季挖出的藕只能贮藏一两周左右。

次年越冬后挖出的老藕

主料：
糯米圆子 100 克
藕粉 50 克

调料：
白糖 50 克
干桂花少许

用凉开水调成藕粉水

锅中放水，加糖搅匀

准备：

1 糯米圆子可以买现成的，也可以用藕
粉和糯米粉以 2:8 的比例，加少量水，
揉滚成小团而得。

2 藕粉加少许凉开水调成藕粉水。

制作：

1 锅中放水 1000 克，加糖 50 克，大火
烧开。

2 放入糯米圆子，待圆子烧开成熟后，
徐徐倒入藕粉水，边倒边快速搅拌成
透明糊状。撒入桂花，即可。

放糯米圆子

徐徐倒入藕粉水同时快速搅拌

一个个珍珠般可爱的小圆子，浮在晶莹细滑的藕粉羹里，让人顿生品尝的冲动，舀一勺放入口里，又软又弹

藕粉圆子

苏州礼耕堂大厨 宋兆远制作

藕饼

苏州礼耕堂大厨 叶华制作

主料：
莲藕 200 克
瘦猪肉馅 100 克

调料：
食用油 2 大匙
盐 2 小匙
味精 1 小匙
蛋清 20 克
淀粉 1 大匙

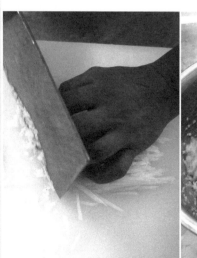

焙熟藕

苏州市江湾村 胡敬东制作

主料：

莲藕3节（约600克，两头藕节都要保留）

糯米400克

调料：

冰糖200克

特殊工具：

竹签数根

准备：

1 将莲藕清洗干净，用勺子边缘或竹筷棱刮去外皮，切下一端藕节，留做备用。洗净表皮及藕孔中的残余脏物，沥净水分。

要诀：用刀削皮，则易削得太厚而伤到藕孔。

2 糯米洗净，晾至微干。

要诀：糯米太湿则不易灌入藕孔。

制作：

1 用筷子逐一将藕孔通一遍。

2 竖起莲藕，将糯米灌入藕孔，不断抖动使糯米下落，并用筷子轻轻捅实，直至最后灌满。

3 将切下的藕节盖回原处，并插入牙签固定。

4 将莲藕放入锅中，加水没过莲藕，加冰糖200克，大火烧开。

5 转为小火，煮约4小时，直至熟透。中间翻动数次，防止莲藕粘锅。

要诀：若使藕更易软烂，可加食用碱1小匙。

6 转大火，将锅中糖汁收至浓稠红亮，即可出锅。

7 待莲藕稍凉不烫手时，横切成约2毫米厚的薄片，浇上锅内的糖汁或直接撒绵白糖，即可食用。

要诀：苏州当地传统还习惯不用刀切，而用细线一端固定，另一端在藕身上绕一圈，拉紧便可绞下一片藕。这样既不粘刀，又可彻底绞断藕丝，方便易操作。

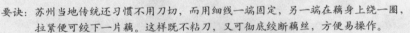

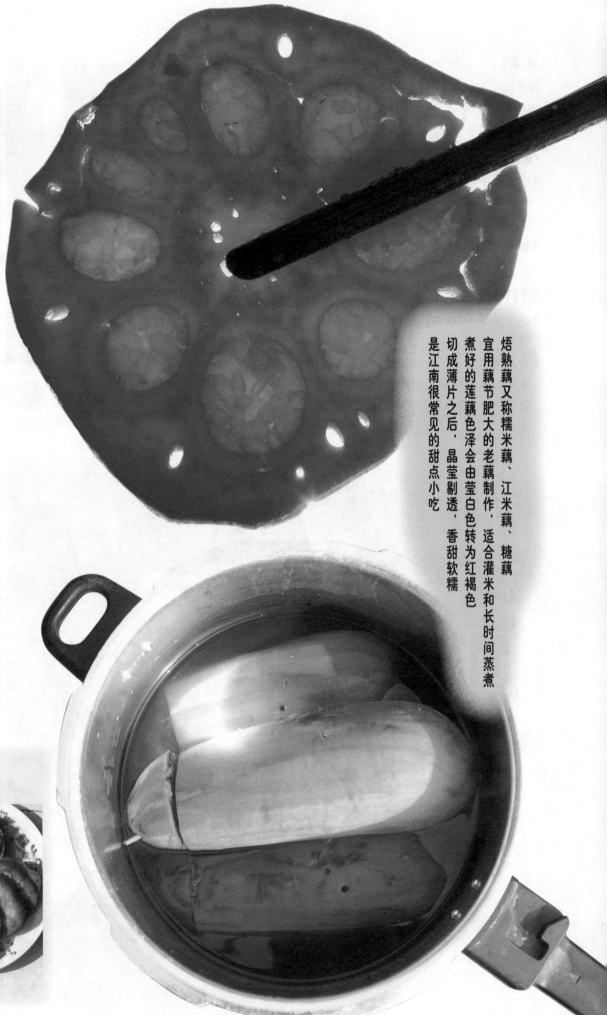

焙熟藕又称糯米藕、江米藕、糖藕宜用藕节肥大的老藕制作，适合灌米和长时间蒸煮煮好的莲藕色泽会由莹白色转为红褐色切成薄片之后，晶莹剔透，香甜软糯是江南很常见的甜点小吃

22

莲藕可吸收肉类的油腻之气
又可增加爽脆的口感
这一道藕饼
多吃几个也不会腻

准备：

1 将猪肉馅加盐 1 小匙，味精 1/2 小匙，蛋清 20 克，淀粉 1 大匙，向同一方向搅匀。

2 将莲藕洗净去皮切成碎丁，加盐 1 小匙，味精 1/2 小匙，拌入猪肉馅，搅匀。

3 用手挖取一团莲藕猪肉馅，双手交替抛换，整形成圆球状。

制作：

1 锅中放油 2 大匙，大火烧热，将藕团一一压扁放入，调中火加热 20 秒，转小火煎至微黄，翻面以同样方法再煎，直至成熟。

要诀：先中火再小火慢煎，可以保证藕饼煎出金黄色又不致过老。若锅中油被吸干，可以中途补油。

2 取出藕饼，对半切开，装盘即可。

和面，用手提起观察稠密度

蒸热后切成菱形块装盘

煮糖汁

浇糖汁

主料：

水磨糯米粉 2 杯
纯糯米粉 3/4 杯
粘米粉 1/3 杯
藕粉 1/3 杯
白糖 1/2 杯

调料：

色拉油 1/8 杯
白糖 1/5 杯

准备：

将 1/3 杯藕粉加
少许凉开水调成
藕粉水。

藕粉桂糖糕

苏州礼耕堂大厨 宋兆远制作

制作：

1 将所有主料倒入大盆，加水 1 杯，用
手顺着同一方向揉和，边揉边分两次
再加入 1/2 杯水，充分揉拌成非常软
的面团。

2 加入 1/8 杯色拉油，继续揉匀，抓起
面团，举高，让其下淌，观察其稠密度。
以淌落光滑顺溜为标准。

要诀：若面团淌落速度过快则是过稀，淌落呆
　　　滞则是过稠。

3 不锈钢盆用少许色拉油抹匀防粘，放
进揉好的面团，摊平。

4 锅中放足量水，大火烧开，放入不锈
钢盆，大火蒸 30 分钟，即可出锅。切
块装盘。

5 用小锅放 1 杯水，加入 1/5 杯糖，煮开，
徐徐倒入藕粉水，快速搅匀成透明糊
状。撒入少许桂花，即成为糖汁。

6 将糖汁淋上蒸好的切糕块，即可。

此菜成功关键是面团的稠密度
过稀不易成型，过稠则口感偏硬
软硬适中，软糯易嚼方为最佳

主料：

莲藕 300 克

调料：

蒜泥适量
香菜 5 克
白糖 2 大匙
香醋 2 大匙

准备：

1 将莲藕洗净，刮去外皮，切除藕节。
　先纵向对切成两半，再横切成约 1 毫
　米厚的薄片。

2 用清水漂洗掉藕片上的多余淀粉，以
　使口感清爽。

3 将香菜择洗干净，切成碎末。

制作：

1 锅内放足量水，大火烧开，倒入藕片，
　焯 2 分钟。

2 捞出藕片，浸入冷水中，冷却 1 分钟。

3 捞出藕片，滤去水分，拌入蒜泥，香
　菜末，白糖 2 大匙，香醋 2 大匙，拌
　匀即可。

北京汉声　廖书芳制作

凉拌藕片

莲藕可生津止渴，清热除烦，养胃消食
这道饭桌上常常出现的凉拌菜
爽脆美味，亦是养生佳品

27

初学做菜的新手
不妨试试这道简单的家常小炒

清炒藕丝

苏州市前港村厨师 殷世芳制作

主料：

莲藕 300 克

调料：

食用油 2 大匙

盐 1 小匙

鸡精 1/4 小匙

葱花少许

准备：

1 将莲藕洗净，刮去外皮，切除藕节，切成约 5 厘米长的细丝。

2 将藕丝用清水淘洗，冲去表面过多的淀粉。

制作：

1 炒锅中放油 2 大匙，倒入藕丝翻炒 3 分钟。

2 加盐 1 小匙、鸡精 1/4 小匙，加水半杯，烧 1 分钟。

3 撒入葱花，翻炒均匀，即可出锅。

醋熘藕丁

北京汉声 廖书芳制作

主料：

莲藕 300 克

调料：

食用油 3 大匙
姜末少许
葱末少许
白糖 1 大匙
白醋 1 大匙
盐 1 小匙

准备：

将莲藕洗净，刮去外皮，切除藕节。切成约 1 厘米见方的藕丁，清洗干净。

制作：

1 炒锅中放油 3 大匙，大火烧热，倒入姜末和葱末，翻炒爆香。

2 倒入藕丁，翻炒 1 分钟，放白糖 1 大匙，继续翻炒 3 分钟至藕丁断生。

3 倒入白醋 1 大匙，盐 1 小匙，翻炒均匀，使其充分入味，即可装盘。

青椒炒藕丝

苏州市 周其昌制作

主料：

莲藕 200 克
青椒 150 克

调料：

食用油 2 大匙
盐 1 小匙
白糖 1 小匙

准备：

1 将莲藕洗净，刮去外皮，切除藕节。切成约 5 厘米长的藕丝，清洗干净。

2 将青椒洗净，去籽，切成约 5 厘米长的细丝。

制作：

1 炒锅中放油 2 大匙，大火烧热，放入青椒丝翻炒 1 分钟。

2 放入藕丝，翻炒 2 分钟，加盐 1 小匙。

3 加少量水，白糖 1 小匙，翻炒均匀，即可出锅。

要诀：若是嫩藕，因水分足，可不加水。

主料：

粳米 3/4 杯
活蟹 2 只
莲藕 80 克
鸡蛋 2 个

调料：

食用油 3 大匙
杜仲 6 克
葱丝 30 克
姜丝 10 克
盐 1 大匙

准备：

1 粳米洗好，浸泡 3 小时。

2 莲藕去皮，洗净，切成约 2 毫米厚的薄片，用水 2 杯浸泡。

3 分开两个鸡蛋的蛋清和蛋黄，蛋壳留作他用。

4 螃蟹洗净，用筷子从蟹嘴直插下去，待蟹死后，剥壳除腮和嘴，取出蟹黄，加在蛋黄中打匀。接着斩下蟹螯、蟹脚，把蟹身切成 8 等份。蟹壳、蟹螯、蟹脚均用刀背敲裂。

制作：

1 炒锅中放油 3 大匙，大火烧热，放入一半的葱丝、姜丝、蛋壳、蟹壳、蟹螯、蟹脚，炒出香味，放入杜仲，加水 15 杯，盖锅盖中火煮 40 分钟，用纱网滤出汤汁，捡出蟹螯备用。

2 另起汤锅，盛刚滤出的汤汁 11 杯，把米沥干放入，同时也放入莲藕片和浸汁，盖好锅盖，以小火煮 1 小时 30 分钟。在熄火前 5 分钟，加入切块的蟹身和盐 1 大匙。

3 煮好后，将 2/3 的粥与蛋清混合，分别盛入碗内，再将剩下的粥和蛋黄混合，加在有蛋清的粥上。另外再把蟹螯置于粥上，撒上剩余的葱姜丝即可。

杜仲为中药，可坚筋骨螃蟹也可滋补骨髓，强健关节常喝此粥，对全身骨髓关节极有益处粥内的莲藕，可以抑制蟹毒

健节蟹藕粥

选自汉声《中国米食》

糯米藕圆

苏州市得月楼大厨 陈军制作

主料：

莲藕 200 克
肉馅 400 克
糯米适量

调料：

葱花少许
料酒 2 大匙
盐 1 小匙
味精 1/2 小匙
鸡精 1/2 小匙
淀粉 3 大匙
食用油少许

准备：

1 糯米用水泡 2 小时，控去多余水分。

2 莲藕洗净，刮去外皮，切除藕节。再次洗净，切成细末。

3 在肉馅中放葱花适量、料酒 2 大匙、盐 1 小匙、味精 1/2 小匙、鸡精 1/2 小匙，拌匀。

4 淀粉加少许冷水调成水淀粉备用。

蒸熟的糯米藕圆
糯米一粒粒附在小巧玲珑的圆子上
晶莹讨喜，也增加了不少嚼劲

制作：

1 藕末与肉馅拌匀，加入淀粉 2 大匙，在盆中摔打至均匀有黏性。

2 抓一小团打匀的馅料，左右手交替捧搓，制成直径约 3 厘米的丸子。

3 在盘子中倒入少许油抹开。

4 将丸子在泡好的湿糯米中滚一圈，使之外层均匀沾上一层糯米，放入抹过油的盘子中。

5 蒸锅中放足量水烧开，将糯米藕圆连盘放入，大火蒸 10 分钟，即可出锅。

6 另起炒锅放入水淀粉煮开成薄芡，淋在蒸好的藕圆上即可。

主料：

莲藕 500 克
肉馅 300 克
鸡蛋 1 个

调料：

食用油足量
淀粉 2 大匙
姜末适量
葱末适量
盐 1 小匙
鸡精 1/2 小匙

江苏淮安 赵学玉制作

藕夹

准备：

1 将莲藕洗净，刮去外皮，切除藕节。
放入水中，加盐 1 小匙，浸泡 15 分钟。

要诀：盐水浸泡可让莲藕变软一些，防止藕因
发脆，切夹片时连接处断裂。

2 将肉馅加淀粉 1 大匙，姜末适量，葱
末适量，盐 1 小匙，鸡精 1/2 小匙，
打入鸡蛋 1 个，向同一个方向搅拌均匀，
成为馅料。

要诀：肉馅要选用前腿五花肉为佳。

3 切藕夹。按一刀横切留底部不切断，
间隔约 2 毫米一刀横切到底，两步交
替的方法，切出若干藕夹。

4 一手持藕夹，一手夹入肉馅，尽量抹匀，
再轻轻捏合，并将孔中挤出的多余肉
馅抹去。即成生藕夹，备用。

5 将淀粉加入少量冷水调成水淀粉备用。

制作：

1 平底锅中放足量油（以浸到平铺的藕
夹高度一半为宜），中火烧至七成热。

要诀：宜用大豆油或菜籽油，更易炸出金黄色。

2 将藕夹迅速在水淀粉中蘸一下，立即
放入热好的油锅中，依次平铺放好。

3 当一面炸黄时，翻转炸另一面。待两面都
金黄成熟，即可出锅。

南北家宴上常见的一道菜
金黄脆口，齿颊留香，诚为居家之美味

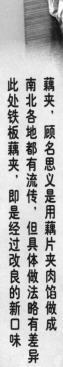

苏州市得月楼大厨 陈军制作

藕夹，顾名思义是用藕片夹肉馅做成，南北各地都有流传，但具体做法略有差异。此处铁板藕夹，即是经过改良的新口味

准备：

1 将莲藕洗净，刮去外皮，切除藕节。

2 切藕夹。按一刀横切留底部不切断，间隔约2毫米一刀横切到底，两步交替的方法，切出若干藕夹。

3 一手持藕夹，一手夹入肉馅，尽量抹匀，再轻轻捏合，并将孔中挤出的多余肉馅抹去，裹上一层淀粉。即成生藕夹，备用。

要诀：肉馅不宜太厚，否则易煎不熟。

4 西兰花洗净，用手掰成小朵，过开水余烫1分钟。

5 洋葱去皮洗净，切丝备用。

6 铁板预先加热，铺上一层锡纸。

主料：

莲藕 200 克
肉馅 150 克
西兰花 100 克
洋葱 100 克

调料：

食用油适量
酱油 2 大匙
料酒 2 大匙
白糖 1 大匙
鸡精 1/2 小匙
淀粉适量

特殊工具：

铁板、锡纸

制作：

1 平底锅倒油上火加热，下藕夹，煎至两面金黄，装盘。

2 炒锅中放食用油2大匙，放入洋葱丝炒2分钟，出锅，与余烫过的西兰花一同摆上铁板一角。

3 另起炒锅，倒入酱油2大匙、料酒2大匙、白糖1大匙、鸡精1/2小匙、水适量，调成酱汁，将炸好的藕夹倒入，烧5分钟至熟。

4 盛出藕夹摆放到铁板上。

5 将炒锅中剩余的酱汁加水少许、淀粉1大匙、油1大匙，勾成浓芡，淋到藕夹上，即可。

炖汤用的莲藕，宜选用老藕久炖软烂，汤也变成漂亮的褐红色莲藕和排骨都是家常补养佳品此汤秋冬食用，可补气滋阴养肺

排骨莲藕汤

北京汉声 廖书芳制作

36

主料：

莲藕 1500 克
排骨 1500 克

调料：

姜片 9 片
花椒粒 15 克
盐 3 大匙

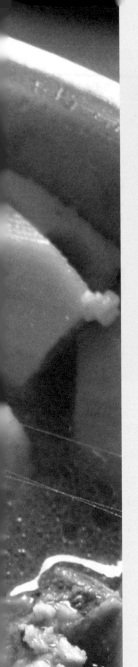

准备：

1 莲藕洗净，刮去外皮，切除藕节。切成滚
刀块，再次冲洗干净，浸在水中备用。

要诀：刮好皮的莲藕不宜长时间暴露在空气中，
防止表皮氧化变色。

2 将排骨斩成小块，冲洗干净。

制作：

1 锅中放足量水，大火烧开，放入排骨，焯
至水再次沸腾，撇去浮沫，捞出排骨，
沥净水分。

2 另起锅放足量水，加入姜片、花椒粒，大
火烧开，放入焯过的排骨，转为小火，
加盐 2 大匙，炖 20 分钟。

3 放入莲藕块，翻动搅匀，转大火煮开，
再转为中火炖半小时以上，至排骨和莲藕
熟烂。

4 加盐 1 大匙调味，搅拌均匀，即可出锅。

采访手记

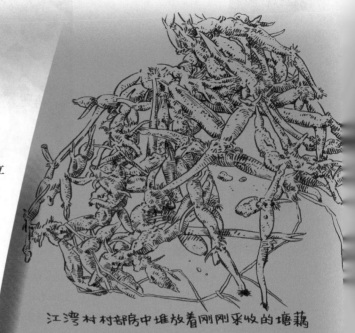

江湾村村部房中堆放着刚刚采收的塘藕

（上接第2页）

高大，荷梗挺立，形成上升阶梯状，称为"立叶"，俗称"站荷""起水荷"。立叶长到一定高度时，新抽生的荷叶又渐次变得矮小，呈下降阶梯状。在《本草纲目》中，也有对浮叶与立叶的描述，但称之为"藕荷""芰荷"："节生两茎，一为藕荷，其叶贴水，其下旁生藕；一为芰荷，其叶出水，其旁茎生花。"

在结藕前，会长成一张最大的立叶，叶面大，梗粗壮高，刺多，颜色略浅，称为"后栋叶"或"后把叶"，苏州本地也称"老梢荷"；从后栋叶生长的节位开始，莲鞭往前方斜下伸长，逐渐增粗结藕。开始结藕后，又会长出一片叶面小而卷曲，梗细矮，刺少，颜色发青的荷叶，称为"终止叶"，本地俗称"玉荷"。后栋叶长在莲鞭的关节处，莲鞭往终止叶方向开始长成藕，一般有四五节，每节之间还会侧生"别枝"，即小藕。

●藕莲不开花

此时正值莲藕旺盛生长的季节，应当也是荷花盛开的时节，但是我们在塘中并没有看到几朵花。而田间基本记录结束后，在返回村部的途中，看到村边有些荷塘，却开满深深浅浅的各色荷花，千姿百态，惹得我们前后拍照，舍不得离开。这是为什么呢？

胡主任解释说，莲藕分好几种，塘中大规模种植的主要是藕莲，又叫田藕、菜藕，即以采收藕为主的品种，一般不开花或者只开少量白花；还有子莲，主要采收莲蓬部分；我们现在看到的这种是花莲，就是观赏用荷了，莲子莲藕都不甚大。如《本草纲目》中所说："大抵野生及红花者，莲多藕劣，种植及白花者，莲少藕佳，其花白者香，红者艳，千叶者不结实……白花藕大而孔扁，生食味甘，煮食不美，红花及野藕，生食味涩，蒸煮则佳。"

●挖藕有诀窍

7月末，初生的立叶发黄，并且出现了很多终止叶的时候，便可以开始采收嫩藕新鲜上市。到8月中以后，荷叶大部分发黄时，便可以开始大面积采挖莲藕。

8月下旬，我们随胡主任来到一个正在挖藕的塘边记录莲藕采收。表面上看，藕田中满是大大小小的荷叶，如何知道莲藕是否可以采收，如何才能准确地找到藏在淤泥中的藕？胡主任告诉我们，同样也是从这满塘荷叶中入手。

挖藕时，农民只要找到后栋叶和终止叶的位

置，将其连成一线，便可以确定泥中莲藕的生长位置和方向，顺着叶柄将脚插入泥中一踩便中，然后往两边蹚开藕身旁边的淤泥，并把后侧的莲鞭踩断，便可以轻松将其挖起，像抱着小孩一样，将整个莲藕从泥里起出。就算到秋冬荷叶大部分发黄枯萎时，依然能够分辨得出粗壮的后栋叶与柔韧细小的终止叶，用手一捏便知。

一般的藕塘都会在10月完全采收，次年轮种其他作物。另外还会留有小面积的藕塘越冬留种。待到次年4月下旬，将塘中大藕挖出，就是所谓的"老藕"，依然贩卖上市或者自家食用，在当地往往还做成焐熟藕，即糯米藕。而侧生的小藕就作为当年的新藕种栽种。

到了江湾村部，胡主任引我们到一旁的小房间来，打开房门，里面满满当当一地堆放的都是带着污泥的莲藕！原来这是最近刚刚采收下来的塘藕，质量好的已经被洗净运走，这些都是留下来的残次品，但是在我们看来，品质已然足够好了。一旁还有一捆洗净未运走的藕，的确十分洁白粗壮。每根藕大约有四到五节，各节中间有细小的根，最顶端

一节有小芽。

● **"伤荷藕"**

此时有些塘中的荷叶已经剩余不多，原来除了莲子、莲藕，荷叶也是收获的部分之一，所以在挖藕的前一天或者当天早晨，农户便会提前将荷叶打下，对折，叶面朝外，叶背向里，在平地上暴晒，干透之后，重叠压紧，用绳子捆紧装袋。而留下的荷梗还可以用来区分梢荷、玉荷以确定藕位。

另外在藕成熟前半个月左右会进行"试藕"，挖出莲藕查看生长情况，若有锈斑、生长不良，也会提前一周到十天打叶、灌水，让养分更多地供给藕根，保证最后能采收到洁白粗壮的藕，这就是《吴郡志》和《唐史补》中提到的"伤荷藕"："苏州进藕，最上者名'伤荷藕'，叶甘，虫食之，叶伤则根长也。又花白者藕佳。又藕九窍者食之无渣，此荡独过九窍。盟鸥亭前亦多植。"

● **种藕越冬来年栽**

莲藕结莲子，但是种植一般不用种子，而用种藕无性繁殖，《本草纲目》："以莲子种者生迟，

老大娘正在采收越冬之后的老藕

以藕芽种者最易发。"第二年4月下旬，我们重访江湾村时，便遇上了一对正在挖种藕的老夫妇，此时满塘残梗，农户将去年塘中越冬的藕挖出，排在塘边。仔细观察，不少顶芽已经萌发，长出卷曲的小叶。农户告诉我们，现在挖出的大的亲藕还可以贩卖，或者拿回家做焐熟藕食用，小者以及旁生的子藕才当作种藕种植。一亩栽五六百斤，能收三四千斤。

种藕挖出需要马上定植，随挖随栽。5月初，我们来到另外一块刚刚栽好不久的藕塘。可以看到，塘中一行行整齐地排着藕种，每只种藕的屁股即梢部一两节，都斜斜地朝天露在地面上，而顶芽部插入淤泥中，这时已经长出不少小叶，或卷曲或舒展，面积都很小。胡主任告诉我们，这种栽种叫作斜插法，梢部露在土面上，可以接受更多的阳光和温度，便于发叶，也便于观察管理。

另外种藕的排列也有学问。我们转了一圈，看到田埂四周的藕头朝向田中，原来是为了避免生长时插入田埂中，而塘中部的莲藕则交错相对排列，中央部分间距略大，以免莲藕生长以后过于拥挤。另外在生长期间也要多次转藕头，也是以免钻进田埂或田外结藕。

● 莲藕全身都是宝

苏州产出的嫩藕以鲜食为佳，质量好的甚

胡主任掀起锅盖，里面是做成的焐熟藕

至可以生食。当年采收的鲜藕做法很多，炒藕丝、炸藕夹、藕粉圆子，都是常见的吃法。苏州人最爱吃的，还有焐熟藕，即糯米糖藕，因为需要长时间蒸煮，所以用老藕为宜，在藕段里灌进糯米，撒上白糖蒸煮焐熟，用细线绞成片，再浇上糖汁，是绝佳的美食。另外莲藕还能加工成藕粉。

莲子可煮羹，而荷叶还可以包裹食材制作蒸菜，比如荷叶粉蒸肉，使菜肴清香四溢；也可以泡茶煮粥，有药用功效。■

文史篇　莲文化三千年

文：陈诗宇

　　荷的别名很多，又称莲、芙蓉、芙蕖、芰荷、菡萏、水华等等，《尔雅·释草》谓"荷别名芙蓉"，《说文解字》："菡萏，扶渠华，未发为菡萏，已发为夫容。""荷"可做总称，但荷的各个部分也有各自的称呼，《尔雅》解释谓："荷，芙蕖。其茎茄，其叶蕸，其本蔤，其华菡萏，其实莲，其根藕，其中菂，菂中薏。"莲茎又叫茄，《说文解字》谓："茄，芙蕖茎。"莲蓬也叫莲房，莲子又叫莲菂，莲须是荷花的雄蕊，莲藕是膨大的地下根茎。

　　在中国文学史中，荷花是最早进入文人视野而被歌咏的植物之一，具有非常深厚的文化内涵。早在《诗经》就有"山有扶苏，隰有荷华""彼泽之陂，有蒲与荷"之句，是荷登诗坛之初。战国时的屈原觉得自己未受楚王信任反遭罪责，在《离骚》中写道："进不入以离尤兮，退将复修吾初服。制芰荷以为衣兮，集芙蓉以为裳。"以荷花暗喻自己的品性，是以荷象征士大夫人格之始。汉乐府《相和曲》"江南可采莲，莲叶何田田，鱼戏莲叶间"，歌咏江南青年男女采莲生活。

　　此后两千年来，咏莲的诗文佳作层出不穷，充满诗坛文苑，其中首推宋代理学家周敦颐的《爱莲说》："水陆草木之花，可爱者甚蕃。晋陶渊明独爱菊；自李唐来，世人甚爱牡丹；予独爱莲之出淤泥而不染，濯清涟而不妖，中通外直，不蔓不枝，香远益清，亭亭净植，可远观而不可亵玩焉。"专论莲之高洁品格，将对莲的钟爱推向一个高深的境界。

　　除了咏荷之外，古代对于荷花生物形态和栽培的记载历史也很悠久，北魏《齐民要术》中介绍了种藕法和种莲子法，可见当时已有荷花种植，甚至有了藕莲和子莲之分。明代《本草纲目》对莲藕进行了极其详细的描述，提及种植方法，甚至注意到了"藕荷"（即现代所称"终止叶"）旁生藕的情况。明清关于荷花的观赏品种和种植的书籍很多，比如明末的《遵生八笺》《群芳谱》，清代的《花境》《缸荷谱》，记载有数十种荷花的品种特征和栽培法，可见此时观赏荷花的培育技术已经极为成熟。

　　因为深厚的文化意蕴，以及荷花、荷叶、莲蓬、莲藕优美的外形，莲在中国人的衣食住行礼乐中，都占有很重要的地位，运用之广泛几乎可算是植物之最了。下面我们就来看看，自先秦以迄近代，莲花形象是如何从建筑、宗教逐渐走向中国人的寻常生活，并积累越来越丰富的文化意涵的。

最早进入建筑的莲花

　　中国建筑与莲花的渊源很深远，最早的使用则是装饰在天花藻井之上。在传统建筑内的上部，有

明　刘俊　《周敦颐赏莲图》

41

方格形、多边形或圆形上凹的天花，上铺板，遮蔽梁以上之部分，称为藻井，又叫方井、绮井、覆海，其名始见汉赋。自汉代以来，藻井最引人注目的特征之一，就是在中心或绘或倒悬雕饰华丽的莲花，这在汉唐文献中常可见描述，如汉代张衡《西京赋》"蒂倒茄于藻井，披红葩之狎猎"，三国曹植《七启》"绮井含葩，金墀玉箱"，北齐邢子才《新宫赋》"布菱华之与莲蒂，咸反植而倒施"，唐代王勃《梓州元武县福会寺碑》"红葩植井，彩缀河宫；丹桂承梁，香交列肆"，等等。

其中又以东汉王延寿的《鲁灵光殿赋》中对倒垂莲花的描述最为生动细致："圆渊方井，反植荷蕖。发秀吐荣，菡萏披敷。绿房紫菂，窋咤垂珠。""荷蕖""菡萏"是荷花，"绿房"为莲蓬，"菂"是莲子，"窋咤"为跃跃欲出之意。

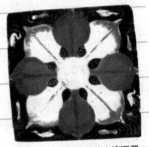

西晋 甘肃敦煌佛爷庙湾西晋39号墓 藻井彩绘荷花砖

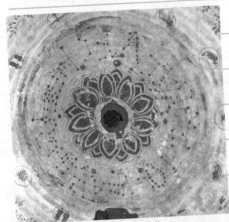

辽 河北宣化张世卿墓 墓顶彩绘莲花

莲花生长在水中，藻井以莲花为饰，一般认为就是取其辟火之意。汉《风俗通》说："殿堂象东井形，刻作荷菱。荷菱，水物也，所以厌火。"《宋书》卷十八列举数代典事曰："殿屋之为圆渊方井兼植荷华者，以厌火祥也。"所以藻井又得名"莲井"。无独有偶，印度早期建筑也有在穹顶中央装饰莲花的做法，据说有象征太阳之意。中国的莲花藻井，或许与之也有渊源关系。

唐以前的地面木构建筑荡然无存，但在考古发现中还能屡屡看到莲花藻井实例。甘肃武威雷台东汉墓后室藻井中央，便是一朵四重八瓣的彩色大莲花，花瓣密集。山东沂南东汉画像石墓中，墓顶天花方格内也雕刻着彩绘八瓣莲花。此后魏晋一直到辽金墓室藻井上，很多都画有大莲花，有的还在旁边绘有水纹、鱼鸭。而北朝到隋唐的敦煌、龙门、云冈各石窟窟顶壁画，以莲花为中心主题纹样的例子更是比比皆是。

隋 敦煌莫高窟 394 窟窟顶莲花纹藻井

另外宫室中陈设的幄帐、帷帐，"四合以象宫室"，模拟建筑形态，在帐顶、四角或帐内往往也以莲为饰，庾信《奉和赵王春日》有"莲子帐心垂"之句；晋《邺中记》载后赵石虎冬月施熟锦流苏帐"帐顶上安金莲花"。这在东晋安岳冬寿墓壁画中描绘得很清晰，墓主夫妇各坐于一顶帷帐之中，帷帐顶部和

东晋前燕 朝鲜安岳冬寿墓 帷帐莲花装饰

四角分别装饰着一朵盛开的莲花和花蕾。

　　藻井装饰在后世有了很大的丰富和发展，但是莲花一直都是最重要的题材之一，很多地方甚至直至近代，兴建的住宅、宫庙的藻井中心，依然绘有或悬垂莲花装饰，这可算是自汉代以来绵延两千年的传统了。

莲花与宗教

　　说到莲花在中国人生活中的运用，不得不提的是佛教的影响。自佛教东传以来，莲花在中国又多了一层含意，而被更加广泛地运用在建筑、器物之上。莲是佛教的圣花，在佛经中被格外推崇，视为佛教的象征。上古印度人崇拜的自然物中就有莲花，佛经中将佛祖释迦牟尼的诞生与莲花相关联，而后释迦牟尼又坐在菩提树下的莲座上得道。佛教认为现实世界是秽泥污土，佛教可使人不受污染，如莲花出淤泥而不染，洁身自处，故以莲花为喻，把佛居净土称为"莲花藏世界"，视西方极乐世界为"莲邦"。印度那烂陀寺之"那烂陀"便是"给予莲花"之意。东晋释慧远等于庐山东林寺结社精修念佛三昧，掘池植白莲，称白莲社，后世净土宗奉其为远祖，又名"莲宗"。

唐　敦煌莫高窟藏经洞　报恩经变相图

山西五台山佛光寺　供养菩萨

　　所以，在佛教形象中，莲花便频频出现，佛祖、菩萨像趺坐或站立在莲台上，佛像可称莲像，法事用莲灯，供养幢幡有莲幡，法帽有莲瓣，佛前供物有莲花，寺院放生池也多种莲，八宝吉祥中有莲花。

　　佛教建筑上，莲花的使用更是无处不在。在印度，公元前2世纪初的桑奇大塔就刻有莲花纹样。敦煌、炳灵寺、云冈、龙门等石窟，窟顶装饰莲花藻井，柱头和柱础雕成莲瓣状，柱身用莲瓣做成束腰莲柱，须弥座以莲瓣为饰，窟底雕刻莲花浮雕，象征净土莲池。木构建筑中除了各种莲柱础，还有莲花瓦当、莲花砖、莲花望柱等等。这些莲花装饰，很快也脱离宗教色彩，成为一般建筑常用的做法，唐代宫殿遗址常见莲花瓦当，北宋《营造法式》也绘制了三种莲花柱础。

唐　敦煌莫高窟57窟　八棱束腰莲柱

六朝　莲花纹瓦当

北宋　《营造法式》　仰覆莲花柱础

中国本土的道教，也与莲花有千丝万缕的联系，道教典籍有九子托莲转世的故事，全真七子也被视为"七朵金莲"，还有不少得道成仙的故事与莲花相关。另外，莲花冠、莲花巾也是道士的象征性服饰，李白《江上送女道士褚三清游南岳》即有"吴江女道士，头戴莲花巾"之句。

器具中的莲花

因为优雅的外形和各种美好象征，莲花、荷叶很早就被设计在器物上。河南新郑出土的春秋时代莲鹤方壶，安徽寿县出土的莲瓣龙螭方壶，是我国迄今发现较早以莲为饰的器物实例。

因为佛教的影响，南北朝之后，中国传统的博山炉也和莲花结合在一起，形成各式各样的莲花香炉，如故宫博物院藏的一件隋代绿釉莲瓣蟠龙博山炉，炉座制成莲瓣状，由蛟龙宛转托起，正如时代相去不远的南齐刘绘《咏博山炉诗》所描绘："下刻蟠龙势，矫首半衔莲。"法门寺地宫出土的各种供养器里，有众多的应用实例，器物账中也有"大金镀铜香炉壹，肆脚上有莲花两枝，并香宝子贰及莲花叶"之类的描述。

晋唐早期器物中的莲花，多少都与佛教有关联，但唐以后，莲花的使用已经大大本土化、世俗化，不局限于宗教场合，延伸至日常器具，并且充满各种设计巧思。荷叶的边沿起伏优美，可设计成为荷叶底座，支撑起盛开的莲花为托、为盘，莲花也可为盖，而莲花苞又可做盖钮，荷叶盖也是常见的做法，另外器物的镂空孔，还常挖成莲瓣形。除了日常的香具以外，以此设计而出的炉、碗、盒、盆、盘、罐，不一而足，金、银、陶瓷各种材质均有，一直流行至今，绵延不绝。

宋代饮茶方式复杂，因此而生的茶器很多，其中的风炉、铫子、盖罐、盏托、茶碗，往往就以莲花、荷叶为造型。如台北故宫博物院的一幅宋代《人物图》，画面一角摆放一组煎茶器，风炉下便是莲花荷叶托座。荷叶盖罐的使用更广，可用于盛装化妆品、食品等，甚至赏玩。后世文房赏玩使用的器具中，比如笔洗、砚台、笔筒，取莲荷造型的例子就更多了。

三国时期魏国人郑公悫曾创"碧筒饮"，以荷叶为杯，刺穿叶心与叶柄相通，再从叶柄中吸酒，称为"荷叶杯"。据《酉阳杂俎》记载："取大莲叶置砚格上，盛酒二升，以簪刺叶，令与柄通，屈茎上轮菌如象鼻。传吸之，名为碧筒杯。"后世受碧筒饮的启发，还用金、银或瓷、玉模仿荷叶杯，制造出一种雅致有趣的酒杯，在出土

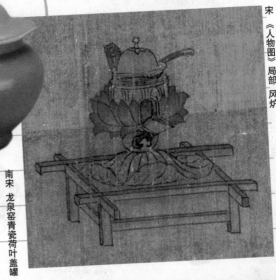

隋 莲瓣蟠龙博山炉

唐 鎏金银莲花柄香炉

宋 《人物图》局部 风炉

南宋 龙泉窑青瓷荷叶盖罐

文物中也时常可以看到。陈洪绶的《隐居十六观图册》中，便描绘了用荷叶杯饮酒的场景。

　　除了取材造型，器物上描绘、雕刻莲荷的例子也很多，唐代越窑瓷器中的刻划纹样就有荷叶荷花，宋代瓷器更是常见荷花水鸟组合纹样。元明清青花中，莲池图案十分引人注目，池塘之中，荷叶莲花水草争芳斗艳，搭配水禽嬉戏其中，形成了几种典型的装饰图案——"一把莲""满池娇""缠枝莲"等。

明 玉荷叶杯

清 青花缠枝莲高足碗

明 陈洪绶 《隐居十六观图册》局部

服饰上的莲花

　　以荷花为主题的池景图案，至少在宋代就已经被用在服饰上，南宋吴自牧《梦粱录》"夜市"条中记载临安夜市夏秋售卖有"挑纱荷花满池娇背心"。所谓"满池娇"，是一种以莲池风光为主题，有莲荷、芦苇等水生植物，以及鸳鸯、鸂鶒、野鸭等水鸟，搭配游鱼、蜂蝶的纹样。李朝初的汉语读本《朴通事谚解》中对其有详细注解："满池娇，以莲花、荷叶、藕、鸳鸯、蜂蝶之形，或用五色绒绣，或用彩色画于段帛上。"这在元明大为流行，元代甚至还成为御衣纹样，元柯九思《宫词》："观莲太液泛兰桡，翡翠鸳鸯戏碧苕。说与小娃牢记取，御衫绣作满池娇。"原注："天历间御衣多为池塘小景，名满池娇。"张昱《宫中词》："鸳鸯鸂鶒满池娇，彩绣金茸日几条。早晚君王天寿节，要将著御大明朝。"

　　在辽宋元出土织绣服饰中，莲池景色是不鲜见的，譬如南宋黄昇墓出土的彩绘领边、辽代的一件罗地刺绣莲花天鹅。还有元集宁路故城窖藏出土的紫罗地刺绣夹衫，肩部有一大组三角刺绣，其中荷花、荷叶、慈姑、菖蒲、湖石，加上一对白鹭，组成一幅荷池美景。

　　作为服饰上的染织刺绣纹样，莲荷题材一直沿

元 紫罗地刺绣夹衫 局部

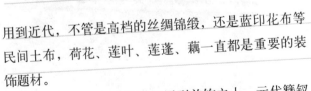

用到近代，不管是高档的丝绸锦缎，还是蓝印花布等民间土布，荷花、莲叶、莲蓬、藕一直都是重要的装饰题材。

　　此外，荷叶纹还常被运用到首饰之上。元代簪钗有一种典型样式即为"荷叶簪"，簪首一般会打成一张舒展的荷叶形，其上甚至还会装饰有细小的水草、

辽 罗地刺绣莲花天鹅纹

水鸟、游鱼等等，成为一个立体而富有生意的画面。比如湖南临澧元代金银器窖藏中出土的一件金满池娇荷叶簪。明代莲荷题材依然在首饰、佩饰中流行，明代严嵩被抄家后，其家产清单《天水冰山录》中有"金厢玉满池娇宝石绦环""金厢玉莲蓬珠宝石绦环"，《金瓶梅》里有"金厢玉观音满池娇分心"，都是此类首饰、带饰的记载，实物存世也不少。

元 银鎏金满池娇纹簪 局部

元 金满池娇荷叶簪

明 金镶宝荷叶银脚簪 局部

莲花的吉祥寓意

中国的传统艺术，很擅长运用各种谐音、象征、表号的寓意手法来表达对吉祥幸福的祝愿，以"隐喻"传递祝福，形成各种"吉语图案"，这种手法在明清得到极大的发展。因为"莲"与"连"，"荷"与"和"谐音的关系，此时莲花图案，在宗教或观赏之外，还形成了大量丰富多彩的隐喻图案。

最广为人知的例子是"连（莲）年有余（鱼）"，由鲤鱼和莲花，或莲花童子抱鱼组成；此前的满池娇纹样，鹭鸶加上莲花的组合，又有了"一路（鹭）连（莲）科""路路（鹭）清廉（莲）"的寓意；简单的一丛莲花加上其下的莲藕，有"本固枝荣"的美意；而瓶中插着三支戟，搭配莲花，则是"连（莲）升三级（戟）"；一只藕上长着一柄荷叶和一枝并蒂莲，称"并蒂同心"；梅、荷、菊、山茶插在花瓶内，为"四季平安"；一柄荷叶、一朵荷花，为"一品清廉"；一朵带莲蓬的荷花，以及几枝桂花，是"连生贵子"；荷花荷叶，香盒加上如意，为"和合如意"；喜鹊踏在莲蓬上是"喜登连科"；五位童子在争夺莲蓬，为"五子夺莲"；童子、莲花加上狮子，是"连登大师"，还有"因和（荷）得偶（藕）""河清海晏"；等等。

莲花常常还和"宜子""生育"等意思相关联，其来源有三：其一来自佛经"化生"故事，释迦牟尼降生于莲池，《法华经》有"若在佛前，莲花化生"，《报恩经》中还有鹿母夫人产莲花，于其中化生童男的故事。"化生"在中国图案中的运用历史很悠久，北魏就有莲花化生瓦当，在莲花中端坐一位童子，唐

天津版画《年年有余》王学勤作

代以后，逐渐演变为童子持莲花或攀枝的图案，成为砖雕、线刻、玉器、瓷枕的常见题材。唐《辇下岁时记》说，此"为妇人宜子之祥，谓之'化生'"，点出此题材进入民间之后的寓意。

其二，莲在中国文化里，也有各种"多子"的含意。莲蓬本多子，莲子又有"连子"寓意；莲藕谐音"连偶"，而且莲藕根茎繁密，繁殖力强。传统图案中的"鱼戏莲""鱼穿莲"，又有男女交合的隐喻，山西有"鱼穿莲，十七十八儿女全""鱼儿戏莲花，夫妻结下好缘法"等民间俗语，从而衍生出祈求人丁兴旺的吉祥寓意，所以在和婚俗有关的器物上，往往也刻绘着各种莲花图案，江南民间娘家在女儿出嫁时，送的"压箱底"物件，装在莲花和石榴中，即是对于莲和石榴多子的隐喻。到中秋节，送给出嫁女儿的礼物里，往往也有一盏莲花灯，则称为"送丁"。

在民间还有主婚姻和合美满的和合二仙，二仙蓬头笑面，寒山持盒，拾得则持荷花荷叶，两人所持谐音"和合"，民间在婚礼的时候还会张悬其像，或摆设泥塑，祝福新人和睦幸福。

由莲花、荷叶、藕搭配各种意象组成的这些丰富多彩的隐喻图案，成为中国民间工艺喜爱的装饰题材，在民居的砖雕构件、木雕门扇、梁柱、柱础、台座浮雕、卵石铺地、彩绘彩画、门帘、床帐、包袱巾、桌帷、衣服、鞋袜帽等等都可以看到其身影，是大家非常熟悉和喜闻乐见的图案。

常常入画的荷塘小景

观诸中国花鸟画史，荷塘题材也许是水八仙中入画最多的一个，甚至可称得上是花鸟画中最重要的题材之一。有观点认为，莲塘题材的发展与佛教传来也有一定关系，佛经提到优美的净土境地都以七宝池、八宝水，莲花朵朵，并有飞鸟水禽来描写其境。北朝以来的壁画中，凡绘及池水，均盛开莲花，并有水禽栖息。边鸾是唐代花鸟大师，《宣和画谱》中载宋内府藏有其绘"鹭下莲塘"图二轴，说明唐代就已经形成单独的荷塘画，其中还提及许多"善画水石花竹禽鸟类"画师所画大量的以荷花鸂鶒、秋荷鸂鶒、秋塘鹭鸶、水墨荷莲、荣荷小景、荣荷宿雁等为题的画作，可见到宋代，荷塘题材已经极为兴盛，传世名作也很多。

东京国立博物馆藏有两幅传为南唐顾德谦的《莲池水禽图》，画中可见莲花自蓓蕾到开花再到落花，荷叶从初生到展开到枯黄的推移变化，还有白鹭等水鸟穿梭其间，是五代莲池画中的名作。宋代惠崇善画水禽小景，台北故宫博物院有一幅其作的《秋浦双鸳图》，描绘初秋时分，水岸边的闲情野趣，以枯黄的荷叶点出秋意，是宋代花鸟里另一类"秋塘"图的代表。

"秋风起，蟹脚痒"，秋景画中，将螃蟹

北宋 惠崇 《秋浦双鸳图》

与残荷组合，也是很常见的搭配。故宫博物院有一幅宋代的《荷蟹图》，残败的荷叶枯黄斑驳，一只雌蟹挥螯伏于叶上，荷叶的残败与雌蟹的活力形成鲜明的对比，又有红蓼、蒲草、浮萍、水藻夹杂其间。

明清以来，画水墨荷花的画家很多，王冕画荷的故事大家耳熟能详。明末清初的画坛巨匠八大山人，荷花是他最喜爱的画题，曾在七十二岁高龄创作了一幅长达13米的巨幅长卷《河上花图》，以大写意法画荷花千姿百态，并自题《河上花歌》，"明珠擎不得""涂上心头共团墨"，由涂墨画荷的笔势联想到自己苦难的遭际，自己设问如何面对"老大无一遇"。画面以癫狂之态酣畅痛快地传达出

宋 《荷蟹图》

强烈的感染力，以荷寄情，是八大山人境遇和心态的写照。

除了自然状态中的荷塘，莲藕、莲蓬在蔬果小品中也是常见的组成部分，清代杨晋的《蔬果图卷》，用没骨法写生，画出两柄莲蓬，一支白藕，生动可爱。

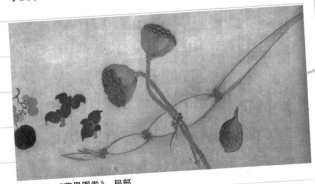

清 杨晋 《蔬果图卷》 局部

苏州与荷花

苏州境内河网密如蛛网，大小湖池珠连玉串，都是荷花良好的生长地，与荷花的渊源也很深。两千五百年前，吴王夫差曾在太湖之滨木渎灵岩山离宫修建玩花池，种植荷花，以讨美人西施的欢心，可以说是我国最早关于植莲造景的记载。唐代苏州所产的"伤荷藕"，是历史上的名品。李肇《唐国史补》记载："苏州进藕，其最上者名曰伤荷藕。或云叶甘为虫所伤，又云欲长其根，则故伤其叶。近多重台荷花，花上复上一花，藕乃实中，亦异也。有生花异，而其藕不变者。"

苏州园林中，荷池一直是必不可少的组成部分。除了荷池外，还有许多建筑物都与荷有关，比如拙政园中的"荷风四面亭"。有一种荷花厅，直接以荷命名，均为临水建筑，厅前有宽敞的临水平台，面向荷池，比如怡园的"藕香榭"、拙政园的"芙蓉榭"。拙政园中著名的"远香堂"，取名自《爱莲说》"香远益清"，不仅堂前植满荷花，连柱础也是以莲为饰；"留听阁"则取自唐李商隐诗"留得枯荷听雨声"之句。

园林的建筑构件，除了前文提到的铺地石、瓦当、柱础、栏杆、雕饰，在门窗上也常常使用荷花造型，如漏窗中用瓦垒出荷图。明末苏州造园家计成所著《园冶》中，载有一种"莲瓣式"门，

莲瓣式

明 计成 《园冶》 莲瓣式门

形如一瓣竖立的莲瓣，别有趣味。

　　在苏州城内，还有许多地名与荷花有关：瓣莲巷、荷花弄、莲子巷、南采莲巷、双荷花池、前莲花巷、荷花场、小莲河桥、莲香桥……可见以前苏州城内荷花分布之广，以及苏州人对荷花之喜爱。

赤脚荷花荡

　　说到苏州人对荷花的热衷，"荷花荡"是不能不提的。苏州莲藕的著名传统产地有城西南的石湖梅湾黄山南荡、葑门外杨枝荡、荷花荡和黄天荡，其中最负盛名的当属葑门外的荷花荡。荷花荡在出葑门不远，可算是黄天荡的西北角。清初《百城烟水》说："荷花荡在葑门外二里许，其东南接黄天荡。"清乾隆《元和县志》谓："葑门东南出瓦屑泾、过荷花荡为朝天湖，即黄天荡。"又说："荷，有红、白、黄、碧、锦边、并头、西番、罗汉、观音诸种，葑门外最甚。"苏州葑门外，半个世纪以前，河道港汊纵横，来往交通皆用船舶，原来曾是荷香荡漾的湿地。

　　苏州盛产莲藕，苏州人也爱荷花，明清直至民国几百年里甚至还形成了一个有趣的风俗，在农历六月廿四去荷花荡观荷纳凉，给荷花"过生日"。《清嘉录》"荷花荡"条中说："是日（六月廿四）又为荷花生日。旧俗，画船箫鼓，竟于葑门外荷花荡，观荷纳凉。"沈朝初《忆江南》词云："苏州好，廿四赏荷花。黄石彩桥停画鹢，水晶冰窨劈西瓜。痛饮对流霞。"注："六月廿四日为荷花生日，游人都至葑溪，溪傍置冰窨，盛暑不热。"

　　游人尽兴赏荷，乐而忘返，常常在傍晚遇到雷雨，只得狼狈地赤脚跑回城中，所以被趣称为"赤脚荷花荡"。清末袁景澜在《吴郡岁华纪丽》中详细地记述了这一节俗："值荷诞日，画船箫鼓，群集于此……或有观龙舟于荷花荡者，小艇野航，依然毕集。每多晚雨，游人赤脚而归，故俗有赤脚荷花荡之谣。"民国《苏州指南》也对其进行描绘："居民筑为塍岸，植荷为业，绵亘数里。夏时花开，如云锦，清香扑人，郡中士民，多雇舟往游。每于先日预备一切，拂晓登舟，于旭日未升零露未收时抵其处，为尤妙。"

　　明代文学家袁宏道曾在苏州为官，他把"六月荷花二十四"称为"苏州三大奇事"之一。天启二年（1622年），张岱至苏州，恰遇六月二十四日苏州士女观荷纳凉的盛况，于是移舟往观，写成一篇《葑门荷宕》，让我们在几百年后，还能感受得到当年苏州人倾城前往荷花荡观荷纳凉的胜景：

　　天启壬戌六月二十四日，偶至苏州，见士女倾城而出，毕集于葑门外荷花宕。楼船画舫至鱼艓小艇，雇觅一空。远方游客，有持数万钱无所得舟，蚁旋岸上者。余移舟往观，一无所见。宕中以大船为经，小船为纬，游冶子弟，轻舟鼓吹，往来如梭。舟中丽人皆倩妆淡服，摩肩簇舄，汗透重纱。舟楫之胜以挤，鼓吹之胜以集，男女之胜以溷，歊暑烨烁，靡沸终日而已。荷花宕经岁无人迹，是日，士女以鞋跋不至为耻。袁石公曰："其男女之杂，灿烂之景，不可名状，大约露帏则千花竞笑，举袂则乱云出峡，挥扇则流星月映，闻歌则雷辊涛趋。"盖恨虎丘中秋之模糊躲闪，特至是日而明白昭著之也。

　　冯梦龙的《三言两拍·醒世恒言》里有一篇《灌园叟晚逢仙女》写到，平江府有"一个大湖，名为朝天湖，俗名荷花荡。……沿湖遍插芙蓉，湖中种五色莲花。盛开之日，满湖锦云烂熳，香气袭人，小舟荡桨采菱，歌声泠泠。……那赏莲游人，画船箫管鳞集，至黄昏回棹，灯火万点，间以星影萤光，错落难辨"，也提及苏州荷花荡的风俗。

　　明代还有一本以荷花荡为背景的传奇《荷花荡》，记述寄寓虎丘僧舍的穷公子李梦白和阊门富家小姐傅莲贞六月二十四日在荷花荡一见钟情的故事。剧本唱词描述："画船一望集如云，到闹丛中去夺尊。……觅扁舟，探荷香，览胜湖滨，好一派接天碧出水红，新又听得歌声和香风阵阵迎。"可见荷花荡在苏州历史上曾留下多么深的文化印记。

游荷花的风俗到了嘉道年间，逐渐转移到虎丘，但依然有人去荷花荡赏荷。荷花荡东南，便是黄天荡，即今天的娄葑群力村，种莲藕、赏荷花的风俗还维持到了六七十年前，至今群力村的老人们还能回忆起当年种荷赏荷的情形。在老人们的记忆中，大多认为新中国成立后就再也没看到有钱人来"游荷花"（张振雄《荷花荡考》）。20世纪六七十年代，黄天荡南部被填平，等到20世纪90年代，黄天荡北部连带荷花荡一起全部被征收为工业园区用地，"游荷花"的习俗就随着荷花荡彻底消失了。

明刻本 《荷花荡》插图

全身皆可食用的莲藕

莲藕全身上下都可食用，李时珍在《本草纲目》中说："花褪连房成菂，菂在房如蜂子在窠之状。六七月采嫩者，生食脆美。至秋房枯子黑，其坚如石，谓之石莲子。八九月收之，斫去黑壳，货之四方，谓之莲肉。冬月至春掘藕食之，藕白有孔有丝，大者如肱臂，长六七尺，凡五六节。大抵野生及红花者，莲多藕劣；种植及白花者，莲少藕佳也。"莲花凋谢后，莲蓬内结莲子，可以鲜食，又可晒干储存。莲子内的莲心可以泡茶，做药；嫩莲鞭可以当作蔬菜食用，又称"藕带"；荷叶可以做包装，也可以做菜肴，还可以泡茶煮粥；新鲜的嫩藕可以生吃，又可以炒食，过冬以后的老藕适合煲汤，或者灌入糯米加糖蒸熟，制成"焐熟藕"，又称"糯米藕""糖藕"，是江南流行的小食。莲藕制成藕粉，冲调成甜羹，也是不错的甜品。

清末《图画日报》连载的《营业写真》，其中即有三幅与藕有关，分别描绘卖莲蓬、卖藕、卖焐熟藕的场景。其中有词曰："焐熟藕，文火烧，中贯糯米多滋膏，和以白糖滋味高。焐熟藕，切成片，七孔八孔圈儿现，空中米粒嵌成笔管梅，仿佛天花将吐成麻面，莫教麻面人瞧见。"■

清末 《图画日报·营业写真》 卖焐熟藕

绘图：刘镇豪

作家、教育家，江苏苏州人　**叶圣陶**

藕之恋

节选自叶圣陶：《藕与莼菜》

　　同朋友喝酒，嚼着薄片的雪藕，忽然怀念起故乡来了。若在故乡，每当新秋的早晨，门前经过许多的乡人：男的紫赤的臂膊和小腿肌肉突起，躯干高大且挺直，使人起康健的感觉；女的往往裹着白地青花的头布，虽然赤脚却穿短短的夏布裙，躯干固然不及男的这样高，但是别有一种康健的美的风致；他们各挑着一副担子，盛着鲜嫩玉色的长节的藕。在藕的家乡的池塘里，在城外曲曲弯弯的小河边，他们把这些藕一濯再濯，所以

这样洁白了。仿佛他们以为这是供人体味的高品的东西，这是清晨的图画里的重要题材，假若满涂污泥，就把人家欣赏的浑凝之感打破了；这是一件罪过的事情，他们不愿意担在身上，故而先把它们濯得这样洁白了，才挑进城里来。他们想要休息的时候，就把竹扁担横在地上，自己坐在上面，随便拣择担里的过嫩的藕或是较老的藕，大口地嚼着解渴。过路的人便站住了，红衣衫的小姑娘拣一节，白头发的老公公买两支。清淡的甘美的滋味于是普遍于家家且人人了。这种情形，差不多是平常的日课，直要到叶落秋深的时候。

　　在这里，藕这东西几乎是珍品了。……因此，除了仅有的一回，我们今年竟不曾吃过藕。

　　这仅有的一回不是买来吃的，是邻舍送给我们吃的。他们也不是自己买的，是从故乡来的亲戚带来的。这藕离开它的家乡大约有好些时候了，所以不复呈玉样的颜色，却满被着许多锈斑。削去皮的时

候，刀锋过处，很不顺爽。切成了片，送入口里嚼着，颇有点甘味，但没有一种鲜嫩的感觉，而且似乎含了满口的渣，第二片就不想吃了。只有孩子很高兴，他把这许多片嚼完，居然有半点钟工夫不再作别的要求。

　　…………

　　向来不恋故乡的我，想到这里，觉得故乡可爱极了。我自己也不明白，为什么会起这么深浓的情绪？再一思索，实在很浅显的：因为在故乡有所恋，而所恋又只在故乡有，便萦着系着不能离舍了。譬如亲密的家人在那里，知心的朋友在那里，怎得不恋恋？怎得不怀念？但是仅仅为了爱故乡吗？不是的，不过在故乡的几个人把我们牵着罢了。若无所牵，更何所恋？像我现在，偶然被藕与莼菜所牵，所以就怀念起故乡来了。

　　所恋在那里，那里就是我们的故乡了。　■

作家，江苏苏州人　**陆嘉明**

说荷·说莲·说藕

节选自陆嘉明：《淡淡水八仙 悠悠意外味》

　　说藕，先要说荷，说莲。

　　有一画家赠我一画，大幅叶荷，泼墨淋漓；荷花数朵，笑靥初绽，荷葩二三，亭亭玉立，题名曰"乾坤清气"，画品清雅而大气。荷，

又称莲，古称芙蕖、芙蓉、菡萏，还有许多好听的别号，如玉环、净友、溪客、六月春等等，一听就觉有诗情画意摇荡出来，从来便得诗画家青睐。古今书画大家，少有不画荷颂荷的。至于诗歌，佳作名句，更是不胜枚举，诸如"接天莲叶无穷碧，映日荷花别样红""恰如汉殿三千女，半是浓妆半淡妆"等名句，寻常人在赏荷时都能出口成诵，自是陶醉。

　　不由得又要说到葑门。苏州旧俗，于每年六月

何万坤　苏州角直车坊江湾村农民

脚采藕　采访整理：翟明磊

　　在苏州，自古以来有一种用脚采藕的绝技。在清代的《吴郡岁华纪丽》中称之为踏藕："秋时莲房折尽，丁男踏取，语乱寒潭，午市争售，橹摇小艇。"这被称之踏取的技术是何等功夫呢？从唐代就开始进贡的苏州伤荷藕，甜脆无渣，也因此柔嫩易折。这种珍藕就是用这种方法挖取的。汉声走访了不少中青年农民，他们均是一脸迷茫。

　　在江湾的一张躺椅前，我们终于问到了合适的人。87岁的何万坤大爷一听脚采藕，腾地坐了起来，又站起比画开来。

　　"脚采藕现在没有了，他们都不会，为什么以前有脚采藕呢。因为以前每年七八月份发洪水，洪水一来，水很深，要到胸口这儿，手够不着，只能用脚来挖，我十五岁就开始脚挖藕。1954年以前，总是发洪水。1954年时，我30多岁。后来水利好了，有了围坝，没有洪水了，就不用脚挖藕了。村里70多岁的男的大部分会脚挖藕。

　　"水这么深啊，人都要漂起来的，怎么挖啊。有办法。用根两米高的粗竹竿，斜插进深水泥里，双手握牢啊。这样人就稳了。这活只能男人干，女的不行。挖的时候把藕夹在两腿当中，双手斜撑竹竿，用脚把藕左右两边泥蹬干净，再用脚钩起来。（何大爷做出向上踢足球的架势），注意了，有诀窍的！要从头往尾钩（意从莲藕主干向着芽头的方向），否则反了会断，断了就没有用了。深水藕泥松，所以才可以用脚钩起来。我一天可以挖200斤！跟手挖的产量一样。" ■

齐如山　戏曲理论家、作家，河北高阳人

捞冰碗　节选自齐如山：《莲子》（《华北的农村》）

　　……鲜藕，因他完全是作为水果用，所以亦名果藕。这种藕可以说是特别的一种，形式要粗而短，刚生一节，便要采食，味要鲜、嫩、脆、甜。南方之藕，嫩时亦可食，但这四个字都够不上。以我所吃过的，当以北平西边，玉泉山一带所产者为佳。北平吃此很讲究，大半都讲捞冰碗，大致是碗中堆冰，冰上摆鲜藕片、鲜莲子、鲜核桃仁、鲜菱角等等，撒以白糖，味自很美。 ■

　　二十四日荷花生日，吴人"竞于葑门外荷花荡观荷纳凉"。有诗曰："六月荷花荡，轻桡泛兰塘。花娇映红玉，语笑熏风香。"最是雨中赏荷后，当时游人多赤脚而归，故有"赤脚黄天荡"之谣。曾几何时，赏荷之地又移至虎丘山塘，曾极一时之盛。苏州西郊有石湖，又为一观荷好去处。宋代范成大，暮年归隐石湖，雅号石湖居士。他在赏荷之余，常作诗赞美石湖荷花，如《立秋后二日泛舟越来溪》："西风初入小溪帆，旋织波纹绉浅蓝。行到闹红无水面，红莲沉醉白莲酣。"这等姿色，这等清香，确是清雅宜人。

　　宋人周敦颐所作《爱莲说》，早已脍炙人口，有口皆碑。他赞美荷"出淤泥而不染，濯清涟而不妖"，这就不仅吟咏荷花的清绮之美，而更在赞叹荷花的品性之美了。这一民族性的文化寓意，凝结了人们仰慕和追求的道德情怀与人文精神啊。

　　荷气盈盈中，赏莲品藕，则别有一番滋味了。荷

作家，江苏苏州人 **王稼句**

节选自王稼句：《塘藕》（《姑苏食话·天堂物产》）

佳藕处处是苏州

藕有田藕和塘藕之分，苏州所产大都是塘藕。以一节者为佳，双节者次之，三节者更次之。三角形者，窍小肉厚；圆筒形者，窍大肉薄。如今画家写藕，多以双节、三节者，画在纸上固然好看，滋味实在是很有差别的。

苏州的藕，在唐代就是贡品。李肇《唐国史补》卷下记道："苏州进藕，其最上者名曰伤荷藕。或云叶甘为虫所伤，又云欲长其根，则故伤其叶。近多重台荷花，花上复上一花，藕乃实中，亦异也。有生花异，而其藕不变者。"据说，伤叶藕就产于石湖行春桥北的荷花荡，凡花为白色的，藕味佳妙，而中为九窍的，食之无滓。伤荷藕作为苏州历史上的名品，享有很好的声誉，被人念念不忘。

晚近以来，葑门外黄天荡、杨枝塘的藕名满江南，以产于黄天荡金字圩的为最佳，作浅碧色，俗呼青莲子藕，爽若哀梨，味极清冽。此外，梅湾北莲荡的藕也很有名，它的甘嫩不减宝应、高邮所出。车坊的藕松脆无比，但由于皮色粗恶，有失观瞻，也就不十分讨人喜欢了。吴江唐家坊的藕，早在明代就名闻遐迩，宁祖武《吴江竹枝词》咏道："唐家坊藕太湖瓜，消暑冰肌透碧纱。水上纳凉何处好，垂虹亭子看荷花。"

苏州人吃藕，方法很多，最简单的就是将鲜藕片片切了，盛在小碟里，用牙签挑着，放入口中，慢慢咀嚼，能得藕的真味，尤其宜于酒后进食。如在豆棚瓜架之下，晚风清凉，矮几竹椅，闲人数位，小菜数款，酒后奉上一碟藕片，情味尤胜。藕片除可生吃之外，人们还将鲜藕刨成丝丝，用葛布沥汁，也就是淀粉，和入糖霜，然后以沸水冲之，清芬可口，胜于市上出售的西湖藕粉多多；或可将藕片调以面粉，入油锅煎之，做成藕饼；或用藕丝与青椒炒成一盆，青白分明，实在十分可口。苏州人家还将糯米实入藕孔，蒸之为熟藕，称为焐熟藕，或更和之以糜，煮为藕粥，都属于家厨清品。

…………

藕固然以新鲜为佳，但由于时令关系，不能时时得之，旧时保藏的办法有两种，一是将它埋在阴湿的泥地里，二是将它用烂泥包裹。后一种办法，保藏时间比较经久，也方便捎带寄远，即使不在苏州，也能品尝到苏州的藕，当然不会有那种鲜嫩的味觉了。如果将藕节悬于屋檐下，越一寒暑，风干了，取下煎汤，凡是患胸膈闷塞的，服饮后能得舒解，也算是药用的功效。

花是否可食，我却不知，昔读《金瓶梅》，说"西门庆将小金菊杯斟荷花酒，陪应伯爵吃"，兀自狐疑，不知这"荷花酒"是何味道？倒是这莲藕，向为食中珍品。苏州人常叫荷花为莲花或莲藕花，分明看重的是莲和藕了。我年轻时，曾在苏州一水乡得一机缘，乘兴致与乡人荷塘采莲，这番情景，今天想起来，仍觉自然天趣萦于襟怀，这竟比亲尝莲子还要有味道。昔在古诗中读到："江南可采莲，莲叶何田田"；"低头弄莲子，莲子清如水"；"轻轻一叶舟，荷入荷花里。不见采莲人，但闻花中语"……心甚向往，不料自己竟也成了诗里画中人！唐人皇甫松所作《采莲子》中写一位"贪看少年"的少女天真纯情，叫人心动："无端隔水抛莲子，遥被人知半日羞。"当时我也年少，

虽然未曾遇到这等好事，却也荷中荡舟，花间采莲，掬水闻香，益添情趣。"两岸桠阴多，中流荷气爽"。我边采莲，边剥食新鲜莲子，只觉生嫩爽口，淡淡甜味中犹有一丝苦味。却原来我心急贪食，不及剔去莲子中一茎细细的绿蕊，便大嚼起来。不过我并不讨厌，反倒因这莲心的苦味，想起二句古诗来："却笑同根不同味，莲心清苦藕心甜。"其中深意，令人返思，直觉得如一位作家所说：剥食莲子的刹那，有恍若梦中之感。

莲子，又称"莲的""莲荫"。莲子生食，恰如梁实秋所言："剥莲蓬甚为好玩，剥出的莲食有好几层皮，有硬皮还有软皮，最后还要剔出莲心，然后才能入口，有一股清香沁人脾胃。"苏州人吃莲子，更为讲究。

叶放（辑）画家，美食家，江苏苏州人

莲藕钩沉

- 《新唐书·地理志》中说到苏州的藕，"亦属土贡之一"。
- 宋代范成大在《吴郡志》中记载：藕，唐苏州进藕最上者，名伤荷藕。伤荷之名，或云：叶甘为虫所伤。伤其叶，则长其根也。
- 元代人贾铭所撰写的《饮食须知》中记载：藕，味甘性平。生食过多，亦令冷中。少和盐水食，益口齿。同油炸米面果食，则无渣。忌铁器。 ■

把它制成糖莲子，或蜜汁莲子，性平、味甘、淡雅，有生津健胃、补脾养心之效。平日里，苏州人通常是把干莲子用水浸后大火煮透，再用文火焖些时，便成莲子羹，或杂以银耳，放数颗红樱桃，白是白，红是红，二色相衬，干干净净，清清爽爽，入口酥软，甜而不腻，当点心吃，美不可言。

荷的根就是藕了。吴中水乡，广植莲荷，那种"粉立千点，静香十里"的景致，城里城外，随处可见，而其中以东郊黄天荡最为著名，所出之藕，捧玉泥中，晶莹剔透，雪白粉嫩，故称荡藕、塘藕。其实苏州水软，各乡所产之藕，皆脆嫩而鲜甜。《新唐书·地理志》中说到苏州的藕，"亦属土贡之一"；又《唐国史补》载："苏州进藕，其最上者名伤荷藕。"所谓"伤荷藕"，即指藕成熟后期，损伤其叶，以致早熟，所出更为鲜润，生嫩多汁，食而无渣，为藕中上品；也许即为白居易《白莲》诗中所说的"本是吴州供进藕"。据说自从天宝年起，吴郡每年都要挑选300段嫩藕进贡皇室，以供享用。虽说藕是贡品，但在苏州却并非稀罕之物，寻常人家都能吃到，从未失去平民本色。

藕，作为菜肴，宜做冷盆，诸如酸辣藕片，酸甜藕片，雪花藕片等，脆嫩爽口，下酒最好。或可分别拌以芝麻、辣椒丝、姜丝、葱蒜等制成特色藕片，清淡中略显重味。我爱吃清炒藕丝，起镬时略加一点陈醋，甜中带酸，吊人胃口，且有养生之效，真如古人所说"多其时味以养气也"。我妻善做藕圆，把藕末加调料后用面粉黏结，捏成球状，在油锅中炸成金黄色，形似肉丸，实为蔬鲜，酥软松嫩而有藕香真味。当然，吃藕也可带点荤味。据说剧作家苏叔阳有一道看家菜：把藕与肉、鸡、蛋、海带子混煮至熟后，切片做冷盘，来客举箸，无不赞赏。有人会制水晶藕饼，而我母亲会做一种夹肉藕饼，又叫炸藕夹，即在两片没有切断的藕片中夹进肉糜、虾仁，或二者相和，塞满藕孔，再蘸些面粉糊，放进油中炸透，再加调料用文火稍焖即起锅，藕香荤味，相谐相调，确为寻常人家的桌上佳肴。我母仙逝，而"味忆"犹存，每逢中秋之日，我等虽也学做一些，聊以煞馋，但手艺不逮，总不及母亲所烹的味道好，每每忆及，思亲之情油然而生。悠悠余味，终成追忆！

藕，也可生吃。苏州人爱切片上盘待客，其味甘甜而鲜嫩，极为爽口清淳，不输时鲜水果，有诗曰："冷比雪霜甘比蜜，一片入口沉疴痊"。藕，还可煮熟当点心吃，苏州人叫"焐熟藕"。"焐"是吴地方言，《清嘉录》云："吴语谓煮食物得暖气而易烂曰焐。"今人常写成"焐熟藕"了。做"焐熟藕"，需取老藕中段，切开一头后，把糯米塞进藕孔，然后用竹签把切下的藕头盖住切口，煮时清水要满过藕段，煮沸有时再以文火焖些时。藕煮熟后色泽红褐，清香扑鼻。老苏州切焐熟藕片不用刀，而用棉纱线把藕夹断成片，据说可不致藕片粘连，且可保藕味糯香，吃时再蘸些绵白糖，或将赤砂糖、绵白糖和糖桂花熬成稠汁，浇在藕片上，吃起来味道更是浓郁，食后口中犹有余味，如袅袅余韵，不绝如缕。此外还有如藕粉圆子，藕粉滑爽，圆子柔劲，二者相得，吃口有弹性，也为苏州著名小吃。苏叔阳说，菜的佳境在于"韵味"。据说得月楼的厨师可调出"塘藕全席"，于我只闻美谈而并未有机缘实赏，其"韵味"也就只能在想象之中了。至于莲藕片等蜜饯，只是藕食的余兴节目，不足与论了。

末了，还是引一段《本草纲目》中的话，以免食家翻检之劳：

"夫莲生卑污，而洁白自若；质柔而实坚，居下而有节。孔窍玲珑，纱纶内隐，生于嫩弱，而发为茎叶花食；又复生芽，以续生生之脉。四时可食，令人心欢，可谓灵根矣！" ■

编后记

《中国水生植物——苏州水八仙》终于进入编后，我们也得以松一口气，在把本书呈现给读者之前，需要感谢为这套书提供过帮助的朋友们。

2010 年 4 月 10 日，汉声编辑到苏州文化名家叶放先生家做客，叶先生既是画家，又是美食家，在谈起苏州风物时，提及苏州的八种水生蔬菜"水八仙"，引起我们的关注和兴趣，当即确定下这个题目。随后通过叶放的联系，发动了苏州摄影家汪浩和记者李婷，当晚在十全街的五卅饭店以沙洲优黄举杯，同我们一起组成在苏州最早的采访团队。汪浩先生在接下来，多次亲自到苏州的水八仙种植区持续追踪采访，为我们提供了许多高质量的照片。

从 2010 年 6 月开始至 2012 年 8 月，汉声编辑从北京和台北来到苏州二十余次，田野采访工作持续了两年多，前前后后得到许多苏州朋友的支持。苏州作家王稼句老师提供了许多水八仙的文史信息，使我们得以接触到水八仙背后深厚的文化。苏州前文化局局长高福民先生也为我们的采访帮忙牵线。还要特别感谢苏州设计家周晨先生为我们采访提供的便利和帮助。

风物志在文史背景下，还要关注植物本体科学性的知识，才能更好地详尽记录。苏州市蔬菜研究所原副所长鲍忠洲、苏州农林局推广站专家陈金林为我们提供了极其详尽的关于水八仙植物学和栽培学上的知识，以及苏州水八仙的种植概况。